Michael Nagel
Christian Mieke

Marketing und Vertrieb

Michael Nagel
Christian Mieke

MARKETING UND VERTRIEB

Die wichtigsten Methoden

2., bearbeitete Auflage

UVK Verlagsgesellschaft mbH
Konstanz und München

Prof. Dr. phil. Michael Nagel, MBA, ist Professor in der Fakultät Wirtschaft an der Dualen Hochschule Baden-Württemberg in Stuttgart (DHBW) und Leiter des Studiengangs BWL-International Business.

Prof. Dr.-Ing. habil. Christian Mieke ist Inhaber der Professur ABWL, insbesondere Innovationsmanagement im Fachbereich Wirtschaft der Technischen Hochschule Brandenburg.

Bibliografische Information der Deutschen Bibliothek
Die Deutsche Bibliothek verzeichnet diese Publikation in der Deutschen Nationalbibliografie; detaillierte bibliografische Daten sind im Internet über <http://dnb.ddb.de> abrufbar.

ISBN 978-3-86764-749-6 (Print)
ISBN 978-3-7398-0211-4 (E-PUB)
ISBN 978-3-7398-0212-1 (EPDF)

Einbandgestaltung: Susanne Fuellhaas, Konstanz

UVK Verlagsgesellschaft mbH
Schützenstr. 24 · 78462 Konstanz
Tel. 07531-9053-0 · Fax 07531-9053-98
www.uvk.de

Vorwort

Marketing und Vertrieb bilden wichtige Funktionen in Unternehmen. Die Anstrengungen in diesen Bereichen wirken sich wesentlich auf die aktuelle und die künftige Ertrags- und Gewinnhöhe aus. Zum erfolgreichen Absatz von Produkten und Leistungen genügt es in der Regel nicht, über bloßes Verkaufsgeschick zu verfügen. Vielmehr sind unter anderem aussagefähige Marktanalysen, bedarfsgerechte Produkt-, Preis- und Vertriebswegeplanungen sowie konsistente Maßnahmenbündel der Verkaufsförderung gefragt. Das vorliegende Buch enthält einen Basissatz an Methoden, welche die Erfüllung der beschriebenen Aufgaben unterstützen. Mitarbeiter aus Marketing- und Vertriebsabteilungen erhalten – gewissermaßen für die Jackentasche – ein kompaktes Nachschlagewerk, in dem zentrale und für die Praxis relevante Methoden kurz und knapp vorgestellt, ihre Zielsetzungen beschrieben, die Anwendungsmöglichkeiten verdeutlicht und die umsetzungsbezogenen Grenzen aufgezeigt werden. Die berücksichtigten Ansätze werden in diesem Buch nicht als Werkzeuge, Instrumente oder Tools, sondern als *betriebswirtschaftliche Methoden* bezeichnet, da diesen die Idee der Planmäßigkeit und der Problem- und Ergebnisorientierung zugrunde liegt.

> Im hier verstandenen Sinne stellen betriebswirtschaftliche Methoden theoretisch fundierte und praktisch erprobte Hilfsmittel dar, die zur Lösung eines in der unternehmerischen Praxis auftretenden leistungswirtschaftlichen Problems beitragen.

Die im Folgenden diskutierten Marketing- und Vertriebsmethoden wurden an Hochschulen und in Unternehmensberatungen geschaffen und in der betrieblichen Praxis erprobt. Sie haben sich bewährt und können daher zur Anwendung empfohlen werden. Alle in diesem Band aufgeführten Ansätze entstammen dem Buch *BWL-Methoden: Handbuch für Studium und Praxis* aus dem UTB-Verlag. In dieser umfangreichen Publikation haben wir etablierte betriebswirtschaftliche Methoden aus den Bereichen Forschung, Entwicklung, Innovationsmanagement, Beschaffung, Logistik, Produktion, Strategie, Organisation und Kontrolle sowie Marketing und Vertrieb gebündelt. Mit der Bereitstellung einer selektiven Methodenauswahl in der vorliegenden Buchreihe verfolgen wir nicht das Ziel, unsere Publikationsliste zu verlängern. Wir wollen auch nicht den Nachweis führen, dass Eigenplagiate elegant und pragmatisch erstellt werden können. Unser Anliegen ist vielmehr, Mitarbeitern mit klar abgegrenztem betrieblichen Tätigkeitsprofil und speziellem Interesse an nur einem Themenfeld eine kostengünstige Möglichkeit des Zugriffs auf bewährte Methoden zu ermöglichen.

Wir hoffen, dass wir die einzelnen Marketing- und Vertriebsmethoden so verständlich dargestellt haben, dass durch ihre Anwendung der erwartete Nutzen erzielt werden kann. In diesem Sinne wünschen wir allen Leserinnen und Lesern viel Erfolg beim Gebrauch. Herzlich danken möchten wir unserem Verleger, Herrn Dr. Jürgen Schechler vom UVK-Verlag, für seine professionelle Förderung und Begleitung unseres Vorhabens.

Stuttgart/Brandenburg a.d.H., im Dezember 2016

Michael Nagel & Christian Mieke

Inhaltsverzeichnis

1 Marketing- und Vertriebsmethoden im Überblick

Die erfolgreiche Entwicklung und Vermarktung von Produkten und Dienstleistungen kann nur gelingen, wenn Unternehmen sowohl die Markt- und Wettbewerbsbedingungen als auch die Anforderungen, Präferenzen und Verhaltensweisen von Kunden richtig einschätzen. Die Notwendigkeit, nahezu alle Unternehmensaktivitäten an externen Faktoren auszurichten, resultiert aus strukturellen Veränderungen der nationalen und internationalen Märkte, die sich vielfach zu wettbewerbsintensiven Käufermärkten gewandelt haben. Das heißt, in den meisten Branchen und Industrien liegt ein Überangebot an Waren unterschiedlicher Unternehmen vor, aus dem Konsumenten gemäß ihrer jeweiligen Kosten-Nutzen-Überlegungen das für sie beste Angebot auswählen können. Die Verhandlungsmacht liegt insofern immer häufiger bei den Abnehmern und immer seltener bei den Herstellern von Produkten oder den Anbietern von Dienstleistungen. Man stelle sich beispielsweise das mannigfaltige Sortiment eines Drogeriemarktes vor: Wenn man nicht bereits vor dem Kauf die Entscheidung getroffen hat, welchen Deo-Roller, welche Haarspülung oder welche Zahnpasta man kaufen möchte, wird sich der Auswahlprozess aufgrund der Fülle an Alternativprodukten recht zeitintensiv gestalten. In den absatzorientierten Unternehmensbereichen muss man demnach ein detailliertes Verständnis der externen Markt- und der internen Unternehmensfaktoren entwickeln, um für Kunden ein passgenaues Angebot erstellen zu können, das zielgruppengerecht kommuniziert und über geeignete Verkaufskanäle zu attraktiven Preisen vertrieben werden sollte. Die Analyse der beschriebenen Rahmenbedingungen, die Entwicklung einer darauf basierenden Strategie und die Planung entsprechender Aktivitäten und Kontrollmaßnahmen sind die wesentlichen Bestandteile des so genannten *Marketingmanagementprozes-*

ses, der in Abbildung 1 im Überblick dargestellt ist.[1] Diesem Prozess kann man zahlreiche betriebswirtschaftliche Methoden zuordnen, wobei die wesentlichen in diesem Buch erläutert werden.

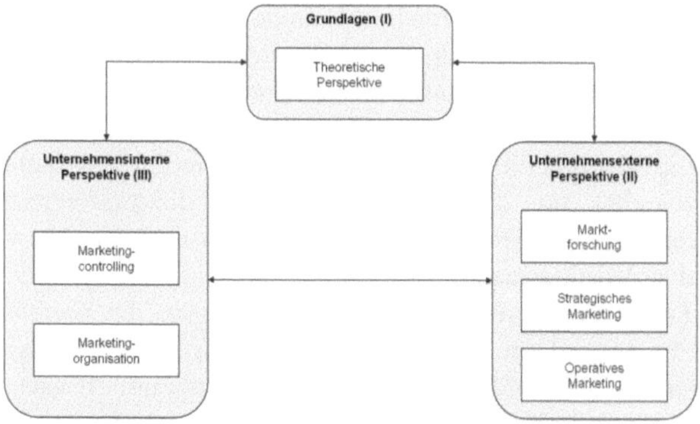

Abbildung 1: Marketingmanagementprozess[2]

Der Marketingmanagementprozess beginnt mit grundlegenden Überlegungen zum Kaufverhalten von Konsumenten und Organisationen – hier als theoretische Perspektive bezeichnet. Es geht also um die Frage, wie Individuen und Unternehmen Informationen suchen, Alternativen bewerten, Kaufentscheidungen treffen und diese nachträglich beurteilen. Zur Erklärung des Verhaltens nehmen Marketingexperten unter anderem Einstellungen, Werthaltungen und Motive in den Blick. Zur Ermittlung der Beziehungen zwischen Einstellungen, Werthaltungen und Motiven eines Konsumenten und den Eigenschaften

[1] Zum Marketingmanagementprozess vergleiche Homburg (2012a, S. 11 ff).

[2] Modifiziert nach Homburg (2012a, S. 15).

eines Produktes oder einer Dienstleistung kann man zum Beispiel auf die so genannte *Means-End-Analyse* und das damit verbundene *Ladderingverfahren* zurückgreifen. Interessiert man sich demgegenüber für das Kaufverhalten von Organisationen, würde sich die *Buying-Center-Analyse* als betriebswirtschaftliche Methode anbieten. Im Mittelpunkt der zweiten Phase des Marketingmanagementprozesses stehen die Marktforschung sowie das strategische und operative Marketing. Hier geht es unter anderem um die Identifikation, Analyse und Gruppierung relevanter Kunden, um die Ermittlung von Produktpräferenzen oder Zahlungsbereitschaften sowie um das Verständnis der Anforderungen von Kunden an Unternehmen. Die *Kundenanalyse*, die *Produktlebenszyklusanalyse*, die *Conjoint-Analyse* und die *Kundenzufriedenheitsanalyse* liefern die relevanten Informationen, die notwendig sind, um erfolgversprechende Marketingstrategien zu entwickeln. Diese sind in den seltensten Fällen auf Stabilisierung oder Schrumpfung, sondern für gewöhnlich auf Wachstum ausgerichtet. Insofern sollte man in dieser Phase auch Methoden zur Generierung von *Wachstumsstrategien* berücksichtigen. Wesentlicher Bestandteil des operativen Marketings ist schließlich der so genannte *Marketingmix*, der üblicherweise in die *4P*, also in die Produkt-, Preis-, Vertriebs- und Kommunikationspolitik unterteilt wird. Produkte müssen jedoch nicht nur entwickelt, sondern auch verkauft werden. Insofern sind zur erfolgreichen Umsetzung einer Marketingkonzeption auch die Aspekte des Verkaufens und Verhandelns in den Blick zu nehmen. Bewährt haben sich in diesem Zusammenhang die *OPAL-* beziehungsweise die *Harvard-Methode.*

Die dritte Phase des Marketingmanagementprozesses umfasst schließlich unternehmensinterne Aspekte: das Marketingcontrolling und die Marketingorganisation. Das

Marketingcontrolling beschäftigt sich vorwiegend mit der Messung der Effektivität des Marketings. Das heißt, es geht um die Überprüfung der Ziele von Marketingaktivitäten wie die Steigerung der Markenbekanntheit eines Produktes, die Verbesserung des Unternehmensimages oder die Gewinnung und Bindung von Kunden. Als betriebswirtschaftliche Methoden werden im Folgenden die *Gewinnschwellenanalyse* und die *Kundenwertanalyse* erörtert, mit deren Hilfe Investitionen geplant und gewinnorientierte Absatzmengen und Preise bestimmt beziehungsweise die Profitabilität bestehender und das Umsatzpotenzial aktueller und zukünftiger Kunden ermittelt werden können. Fragen der Marketingorganisation beziehen sich schließlich auf das erforderliche Organisationssystem, das zur Durchsetzung einer marktorientierten Unternehmensführung entwickelt werden muss. Hierbei geht es sowohl um die Integration der Marketingaufgaben in die Aufbau- und Ablauforganisation eines Unternehmens als auch um die Koordination aller marketingrelevanten Bereiche wie Marktforschung, Produktentwicklung, Preisgestaltung oder Verkaufsförderung. Die organisatorische Perspektive und die entsprechenden betriebswirtschaftlichen Methoden bleiben hier allerdings unberücksichtigt. Unberücksichtigt bleiben auch Methoden zur Umwelt- und Unternehmensanalyse – wie die Branchenstruktur- und die Wettbewerbsvorteilsanalyse oder die Wertketten- und Portfolioanalyse –, die man zur Entwicklung von Marketing- und Vertriebsstrategien nutzen kann, da alle wichtigen Organisations- und Strategiemethoden in einem gesonderten Band dieser Buchreihe gebündelt und ausführlich beschrieben werden.

2 Kaufverhalten von Konsumenten und Organisationen

2.1 Means-End-Analyse und Ladderingverfahren

- *Problemstellung:* Analyse der Bedeutung persönlicher Ziele, Motive und Werte für das Kaufverhalten und deren Verknüpfung mit Produkteigenschaften
- *Zielgruppe:* Marketingverantwortliche, Marktforscher, Produktentwickler, Produktmanager
- *Voraussetzungen:* Erfahrung mit qualitativen Erhebungsmethoden, erfahrene und geschulte Interviewer und Vorhandensein ausreichender Ressourcen für Datengewinnung und Datenauswertung

Zielsetzung der Means-End-Analyse und des Ladderingverfahrens

Erfolge in wettbewerbsintensiven Käufermärkten erzielen nur jene Anbieter, die ihre Produkt- und Serviceleistung nachfrageadäquat ausgestalten. Dabei sind nicht nur einzelne Nutzenkomponenten eines Produktes, sondern auch Motive und Werthaltungen der Konsumenten zu berücksichtigen, die das Kaufverhalten nachhaltig beeinflussen. Die Bedürfnisse und Werte von Konsumenten sind jedoch nicht statisch, sondern Veränderungen unterworfen, die auf gesellschaftlicher Ebene mit Begriffen wie Individualisierung[3], Postmodernisierung[4] oder schlicht Wertewandel[5]

---

3 Siehe Beck (1983, 1986) und Beck & Beck-Gernsheim (1994, 2002).

4 Siehe Bauman (1995).

5 Siehe Inglehart (1995, 1998).

umschrieben werden. Zur Ermittlung der korrelativen Beziehungen zwischen den dynamischen Werthaltungen und Motiven eines Konsumenten und den Eigenschaften eines Produktes oder einer Dienstleistung kann auf die in der US-amerikanischen Markt- und Werbeforschung entwickelte Means-End-Analyse zurückgegriffen werden.[6]

Der auf den Erkenntnissen der Kognitionspsychologie aufbauende und auf den Lerntheoretiker Tolman[7] zurückgehende Ansatz lässt sich empirisch greifbar machen, indem bestimmte Fragetechniken im Rahmen von Tiefeninterviews zur Anwendung kommen. Eine spezifische, qualitative Interviewform ist das Ladderingverfahren, mit dessen Hilfe die Ziel-Mittel-Beziehungen der Konsumenten aufgedeckt werden. Durch stufenweise präzisiertes Nachfragen wird ermittelt, warum bestimmte Produkteigenschaften für den Konsumenten wichtig sind und mit welchen Werten und Bedürfnissen diese zusammenhängen. Insofern eignet sich das Verfahren zur Kundensegmentierung, zur Bewertung von Produkten und Marken sowie zur Entwicklung und Analyse von kommunikationspolitischen Maßnahmen.[8]

Beschreibung der Means-End-Analyse und des Ladderingverfahrens

Kernelement des Means-End-Modells ist die Annahme, dass Konsumenten Produkt- oder Dienstleistungselemente als Mittel – also als Means – verwenden, um be-

---

[6] Vergleiche Homburg (2012a, S. 35 f) und im Überblick Reynolds & Olson (2001) und Walker & Olson (1991).

[7] Siehe Tolman (1932).

[8] Vergleiche Fantapié Altobelli (2011, S. 88 f), Fantapié Altobelli & Hoffmann (2011, S. 246 f) und Kroeber-Riel, Weinberg & Gröppel-Klein (2009, S. 183 ff).

stimmte Bedürfnisse zu befriedigen oder Ziele – also Ends – zu erreichen. Die Aufdeckung dieser Ziel-Mittel-Verknüpfungen, die im Rahmen von Lernprozessen entstanden sind, ist bei der Gestaltung der Produkt- und der Kommunikationspolitik von zentraler Bedeutung. Denn auf der Basis der sichtbar gemachten inneren Strukturen wird deren hierarchische Anordnung deutlich, die in Form von Means-End-Ketten zum Beispiel bei der Konzipierung von Innovationen oder bei der Positionierung bestehender Produkte wertvolle Hinweise bietet.[9]

Bei der Repräsentation der kognitiven Strukturen in Form von Means-End-Ketten können sechs Kategorien unterschieden werden, welche die Eigenschaften des Produktes, dessen Nutzenkomponenten und die damit verknüpften Werthaltungen widerspiegeln. Wie in Abbildung 2 aufgeführt, werden die Eigenschaften eines Produktes in konkrete und abstrakte unterteilt. Ein Custom Fit Innenschuh eines Skistiefels wäre eine konkrete Eigenschaft, die objektiv beobachtbar ist und die physikalisch-chemisch-technische Beschaffenheit des Konsumartikels beschreibt. Eine gute Passform und ein ansprechendes Design stellen abstrakte Attribute dar, die rein gedanklich vorhanden sind und subjektiv wahrgenommen werden. Der funktionale Nutzen, zum Beispiel die Möglichkeit, schnell und sicher zu fahren, ergibt sich aus den physikalisch-chemisch-technischen Eigenschaften des Produktes.

---

[9] Vergleiche Homburg (2012a, S. 35).

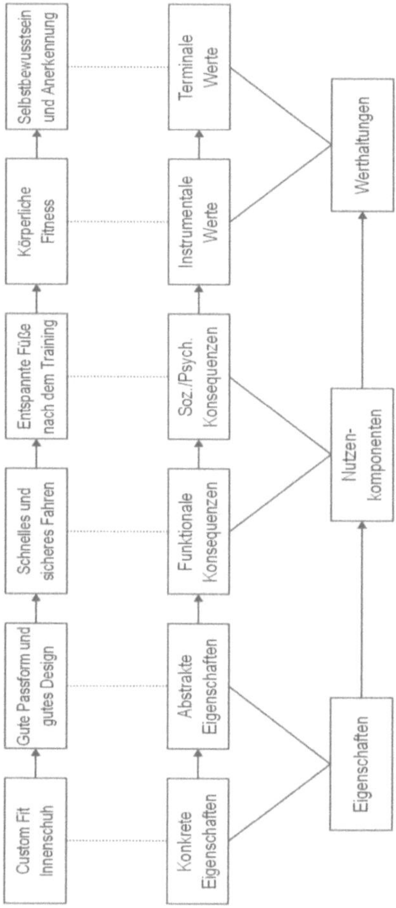

Abbildung 2: Means-End-Modell am Beispiel eines Skischuhs[10]

[10] Zu den Grundelementen des Means-End-Modells vergleiche Bauer & Huber (2008, S. 966) und im Überblick Walker & Olson (1991).

Demgegenüber werden Nutzenkomponenten wie schmerzfreie und entspannte Füße nach dem Training als sozial oder psychisch bezeichnet, sofern sie keine Rolle für die Funktionstüchtigkeit des Gutes spielen und vorwiegend die Psyche oder das Umfeld des Konsumenten tangieren. Schließlich wird zwischen instrumentalen und terminalen Werthaltungen beziehungsweise Zielen des Konsumenten unterschieden, welche den Kauf oder Nicht-Kauf eines Produktes maßgeblich beeinflussen. Dabei verkörpern instrumentale Werte erstrebenswerte Verhaltensweisen wie körperliche Fitness und terminale Werte übergeordnete Lebensziele wie Selbstbewusstsein oder soziale Anerkennung.[11]

Abbildung 2 illustriert die beschriebenen Zusammenhänge am Beispiel eines Skischuhs. Die aufgezeigten Beziehungen zwischen Produkteigenschaften und persönlichen Werthaltungen und Zielen können mit Hilfe der Methoden der qualitativen Marktforschung rekonstruiert und visualisiert werden. Dabei hat sich vor allem das auf den Arbeiten von Reynolds und Gutman basierende Ladderingverfahren bewährt,[12] das auch als Leitertechnik bezeichnet wird. Im Folgenden wird erläutert, wie mit Hilfe dieser Technik die Determinanten menschlichen Handelns entschlüsselt werden können.

Anwendungsbereich und Anwendungsprozess

Die Standardfrage, um „Landkarten der Kognition“[13] sichtbar zu machen, lautet: „Warum ist das wichtig für Sie?“ Die Gründe, die dafür verantwortlich sind, dass eine

---

[11] Vergleiche Bauer & Huber (2008, S. 966 f) und Gruber, Voss, Balderjahn & Reppel (2009, S. 571 f).

[12] Siehe Reynolds & Gutman (1988).

[13] Herrmann (1996, S. 11).

Produkteigenschaft oder eine Nutzenkomponente für einen Konsumenten bedeutsam sind, werden iterativ aufgedeckt. Das heißt, im Rahmen von Interviews werden die Eigenschaften-Nutzen-Werte-Assoziationen schrittweise identifiziert, indem man wie auf einer Leiter zu den zentralen Bestimmungsgründen des Verhaltens hinaufsteigt. Üblicherweise läuft das Ladderingverfahren in drei Schritten ab:

In einem ersten Schritt werden die zentralen Eigenschaften eines Produktes oder einer Dienstleistung und deren Relevanz mit Hilfe eines Fragebogens oder Interviews erfasst. Die ermittelten Produktmerkmale stellen den Ausgangspunkt für die sich anschließenden Ladderinginterviews dar. Um eine Reihung der Attribute zu realisieren, kommen Rankingverfahren zum Einsatz, in denen Probanden Eigenschaften benennen und Begründungen für die jeweilige Einstufung liefern.

Auf der Grundlage der ermittelten Produkteigenschaften, werden in einem zweiten Schritt die mit den Attributen verbundenen Assoziationen hinterfragt. Ziel ist zu bestimmen, welche Erwartungen die Gesprächspartner mit der Nutzung eines Produktes verbinden und welche Werthaltungen hinter den erwarteten Nutzenkomponenten liegen. Bildlich gesprochen kann ein Ladderinginterview mit dem Schälen einer Zwiebel verglichen werden, indem man Schicht für Schicht zum Kern vordringt.[14] So würde ein Ladderinginterview zum Thema Skischuhe zum Beispiel mit der Frage beginnen: „Was ist Ihnen beim bevorstehenden Skistiefelkauf wichtig?“ Eine mögliche Antwort des Probanden könnte sein: „Ich möchte einen Skischuh, der bequem ist und gut aussieht.“ Der Intervie-

---

[14] Die Zwiebel-Metapher stammt von Gengler, Mulvey & Oglethorpe (1999).

wer würde fortfahren mit der Frage: „Was ist Ihnen sonst noch wichtig?" Der Proband würde beispielsweise erwidern: „Er sollte mir die Möglichkeit bieten, jeden Tag ohne Schmerzen trainieren zu können." Auf die weitere Frage: „Warum ist Ihnen das wichtig?", könnte geantwortet werden: „Damit ich meine Ausdauer und Kraft systematisch verbessern kann." Der Interviewer könnte mit folgender Frage in tiefere Schichten vordringen: „Warum ist es Ihnen wichtig, ausdauernd und kraftvoll zu sein?" Weitere Antworten und Fragen würden folgen, bis die tiefste Antwortebene erreicht ist und die Hauptmotive offengelegt sind, die zu einer Kaufentscheidung beitragen.

Der beschriebene Prozess des Tiefeninterviews kann Schwierigkeiten bei der Umsetzung aufweisen, da Probanden die Konsequenzen ihres Handelns zum Zeitpunkt der Befragung noch nicht hinterfragt und somit nicht kognitiv präsent haben. Zudem setzen sehr persönliche Fragen eine große Antwortbereitschaft und Vertrauen zum Interviewer voraus. Insofern empfiehlt es sich, im Rahmen von Ladderinginterviews Konsumenten in die konkrete Produktnutzungssituation zu versetzen oder Fragen zu stellen, in deren Mittelpunkt nicht Begründungen für ein Handeln, sondern Hinweise stehen, warum etwas nicht getan wird. Fragen können auch in der dritten Person gestellt werden, um Antworthemmungen aufzulösen. Demnach würden vom Interviewer Antworten provoziert, die von Freunden oder Bekannten des Konsumenten gegeben werden könnten.

Die Aufbereitung der idealtypischen oder mit Hilfe der oben genannten Techniken gewonnenen Ergebnisse erfolgt in einem dritten Schritt, um die Means-End-Ketten zu konstruieren. Auf der Basis einer qualitativen Inhaltsanalyse werden die Antworten strukturiert und kategorisiert und den einzelnen Bereichen des Means-End-

Modells zugeordnet. Auf diese Weise wird der inhaltliche Zusammenhang zwischen konkreten Produktattributen und terminalen Werten beziehungsweise Bedürfnissen transparent.

Weiterführende Hinweise

Die Means-End-Analyse und das Ladderingverfahren eignen sich, um Produkte zielgruppenspezifisch zu gestalten und zu positionieren. Die Aufdeckung von Motivationsstrukturen ermöglicht es Herstellern und Dienstleistern, Licht in das kognitive Netz von Konsumenten zu bringen, in dem Produkte, Marken und Botschaften über individuelle Assoziationen verankert sind.[15] Gleichwohl ist die Durchführung und Umsetzung in der Praxis sehr aufwändig und voraussetzungsreich. Ungeachtet dessen stellt das Verfahren – mittlerweile – eine Standardmethode in der Marktforschung dar, und es haben sich in jüngster Zeit neue Anwendungsbereiche und Spielarten entwickelt. Das Ladderingverfahren wird längst nicht mehr nur in Form von persönlichen Tiefeninterviews umgesetzt. Vielmehr kommen inzwischen auch Ladderingfragebögen zur Anwendung, und es existieren Vorschläge und Beispiele, wie beide Verfahren online umgesetzt werden können.[16]

---

[15] Vergleiche Meffert, Burmann & Kirchgeorg (2012, S. 169 f).

[16] Zum Online Laddering siehe im Überblick Gruber, Voss, Balderjahn & Reppel (2009).

2.2 Buying-Center-Analyse

- *Problemstellung:* Analyse des Kaufverhaltens einer Organisation und Identifikation aller damit verbundenen Personen, Rollen und Prozesse
- *Zielgruppe:* Marketing- und Vertriebsverantwortliche, Vertriebsmitarbeiter, Außendienstmitarbeiter, Key Account Manager, Business Development Manager und weitere Experten aus den jeweils relevanten Fachbereichen
- *Voraussetzungen:* Beschaffung von Daten zu Personen, Rollen und Prozessen der Zielorganisation auf der Basis von Kundennähe und Kundenvertrauen

Zielsetzung der Buying-Center-Analyse

Die Analyse von Kaufentscheidungen und damit verknüpften Bestimmungsfaktoren stellt einen zentralen Bereich der Marketingforschung dar. Eine Vielzahl von Studien im Business-to-Consumer-Bereich zeigt, in welche Phasen der Kaufprozess von Konsumenten eingeteilt werden kann und welche Einflüsse bedeutsam sind. Ausgangspunkt einer Kaufentscheidung ist ein Bedürfnis, das aus der Diskrepanz zwischen der aktuellen und der gewünschten Situation resultiert. Konsumenten machen sich vor diesem Hintergrund auf die Suche nach Informationen über Hersteller oder Produkte, um die Diskrepanz – zum Beispiel zwischen Immobilität und dem Wunsch nach Mobilität – aufzulösen. Bei der Suche nach einem Mobilitätsprodukt – zum Beispiel einem Auto, einem Fahrrad oder einer Jahreskarte für die Straßenbahn – stoßen sie auf eine Reihe von Alternativen, die sie bewerten und in eine Rangfolge bringen, bevor sie eine Kaufentscheidung treffen. Nach dem Kauf verarbeiten Konsumenten die Informationen und Erfahrungen im Sinne eines Soll-Ist-Vergleiches und nehmen eine Gesamtbewertung vor, die zukünftige Kaufentscheidungen beeinflusst.

Im Unterschied zum Business-to-Consumer-Bereich werden im Business-to-Business-Bereich Kaufentscheidungen nicht von einzelnen Personen, sondern von Gruppen getroffen, und auch die Phasen des Kauf- beziehungsweise Beschaffungsprozesses unterscheiden sich. Vor allem in neuartigen, komplexen oder sehr wichtigen Beschaffungssituationen sind mehrere Personen an einer Entscheidung – zum Beispiel der Auswahl eines Lieferanten oder Logistikdienstleisters – beteiligt. Diese Personen nehmen unterschiedliche Rollen ein, die in der Regel mit ihren jeweiligen Funktionen im Unternehmen korrespondieren. Ein solches Gremium aus verschiedenen Personen und Rollen wird als *Buying-Center* bezeichnet. Buying- oder Einkaufscenter sind in einer Unternehmensorganisation nicht formal und dauerhaft verankert, sondern bilden sich zeitlich befristet. Für den Verkäufer ergibt sich daraus die Schwierigkeit, nicht nur die Bedürfnisse und Wünsche eines Zielkunden ermitteln zu müssen, sondern sowohl die Besonderheiten der Beschaffungssituation und der Entscheidungsstrukturen als auch die heterogenen Präferenzen aller Buying-Center-Mitglieder im Blick zu haben. Dem *Selling-Center* als Gegenstück zum Buying-Center kommt demnach die wichtige Aufgabe zu, das Einkaufsgremium systematisch zu analysieren, um die eigenen Marketing- und Vertriebsmaßnahmen so auszurichten, dass sich ein Verkaufserfolg einstellt. Das Ziel der Buying-Center-Analyse besteht insofern darin, Informationen zu sammeln und zu verdichten, um die Strukturen und Prozesse der organisationalen Kaufentscheidung transparent und die Präferenzen und Motive der beteiligten Akteure verständlich zu machen.[17]

Beschreibung der Buying-Center-Analyse

Das Kaufverhalten von Organisationen und Konsumenten unterscheidet sich nicht nur hinsichtlich der Anzahl der am Kaufprozess beteiligten Personen, sondern auch mit Blick auf den Formalisierungsgrad. Das heißt, Kaufentscheidungen folgen in Organisationen zumeist klaren Regeln und Verfahrensvorschriften, deren Kenntnis für Verkäufer insofern von Bedeutung ist, als Angebote entsprechend gestaltet und vorgelegt werden müssen. Weitere Besonderheiten des organisationalen Kaufverhaltens sind in Abbildung 3 zusammengefasst. Neben den aufgeführten Merkmalen ist für das Verständnis des Buying-Centers vor allem die Kenntnis der Akteure und der Prozesse sowie der Kriterien wichtig, die Organisationen beim Kauf von Werkstoffen, Betriebsmitteln, Dienstleistungen oder anderen Gütern berücksichtigen.

Einem Buying-Center gehören Personen und Teileinheiten einer Organisation an, die nach Webster und Wind die folgenden fünf Rollen einnehmen:[18]

- Als Nutzer bezeichnet man Personen, welche die Güter oder Dienstleistungen nach dem Kauf verwenden und daher häufig Initiatoren der Beschaffung sind. Die Rolle des Nutzers haben beispielsweise Marketing- oder Controllingleiter inne, wenn eine neue Software zur Analyse von Marktforschungsdaten beschafft beziehungsweise eine Beratungsgesellschaft zur Konzipierung und Implementierung einer Balanced Scorecard beauftragt wird.

---

[17] Vergleiche Vitale, Giglierano & Pfoertsch (2011, S. 56 f).

[18] Vergleiche Webster & Wind (1972, S. 77 ff).

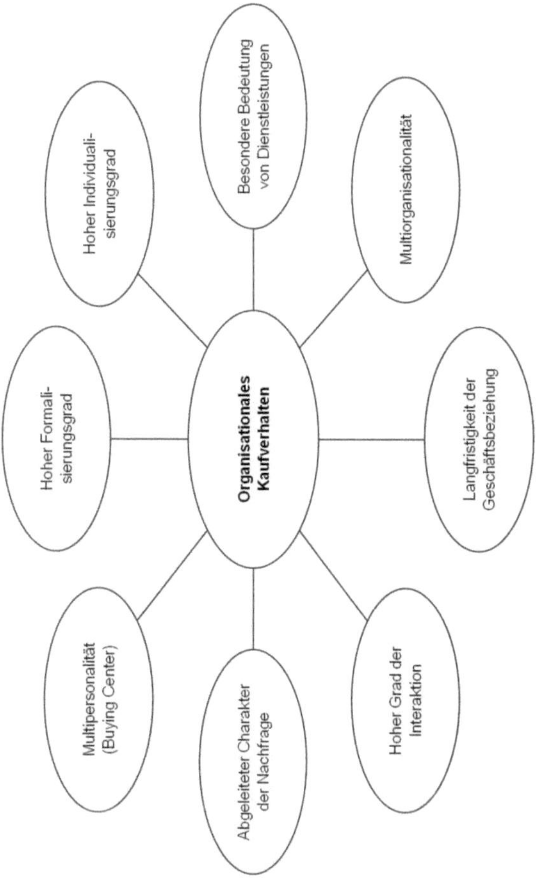

Abbildung 3: Typische Merkmale des organisationalen Kaufverhaltens[19]

[19] Vergleiche Homburg (2012a, S. 140 ff).

- Organisationsmitglieder, die auf den Beschaffungsprozess einwirken, indem sie an der Produktspezifikation mitarbeiten oder alternative Lösungen vorschlagen, werden Beeinflusser genannt. In der Regel üben Entwicklungs- oder Produktionsingenieure, aber auch unternehmensexterne Personengruppen wie Berater einen Einfluss auf die Kaufentscheidung aus.
- Einkäufer sind befugt, Kaufverträge vorzubereiten und Lieferanten auszuwählen. Typischerweise handelt es sich hierbei um Personen aus der Beschaffungsabteilung.
- Von Entscheidern ist die Rede, wenn Personen über Machtbefugnisse verfügen, um Angebote auszuwählen und den Kauf abzuschließen. Wenn es sich um wichtige Investitionen oder Projekte handelt, übernimmt diese Rolle häufig ein Mitglied der Geschäftsführung.
- Mitglieder des Buying-Centers, die Informationen aufnehmen, filtern und steuern, werden Informationsselektierer genannt. Diese Gruppe kann aus Chefsekretärinnen, Assistenten von Entscheidungsträgern oder Mitarbeitern der Einkaufsabteilung bestehen, die darüber entscheiden, welche Informationen in welcher Form an wen weitergeleitet werden. Obgleich diese Personen häufig keine Leitungspositionen innehaben, ist deren Einfluss auf die Kaufentscheidung nicht zu unterschätzen.

Marketing- und Vertriebsverantwortliche sollten nicht nur die beschriebenen Akteure, sondern auch die unternehmensinternen Prozesse des potenziellen Käufers kennen, um Marketingmix-Strategien entsprechend zu gestalten. Dabei ist zu berücksichtigen, dass die Kaufentscheidungen von Organisationen im Allgemeinen rationaler, systematischer und langwieriger sind als bei Konsumenten.

Folgende Phasen können dabei im beschaffenden Unternehmen unterschieden werden: Zunächst erfolgt die Bedarfserkennung eines Unternehmens, die durch interne oder externe Anregungen initiiert wird, bevor Produkte oder Dienstleistungen und die damit verbundenen Leistungseigenschaften spezifiziert werden. Die Suche nach geeigneten Lieferanten und das Einholen von Angeboten schließt sich an. Danach wird eine Vorauswahl der Anbieter zum Beispiel mit Hilfe von Scoring-Modellen vorgenommen, auf deren Basis geeignete Kandidaten ausgewählt und zu Verhandlungen eingeladen werden. Die Verhandlungsphase schließt mit einem Vertrag ab, in dem die Rahmenbedingungen der Leistungserbringung und Leistungsbewertung aufgeführt werden.[20] Jede dieser Phasen kann durch das anbietende Unternehmen mit entsprechenden Maßnahmen beeinflusst werden. Wichtig für den Verkäufer ist, die beteiligten Personen je Prozessschritt, deren Rollen und die für die Entscheidungsfindung relevanten Kriterien des Business-to-Business-Kunden zu kennen. Insofern sind im Rahmen der Buying-Center-Analyse auch Aspekte wie Qualität, Kosten, Lieferbedingungen, Renommee oder Referenzen zu berücksichtigen und zu analysieren, welche Bedeutung den einzelnen Kriterien aus der Sicht des potenziellen Kunden zukommt.

Anwendungsbereich und Anwendungsprozess

Bei der Neukundengewinnung, der Akquisition von Projekten oder generell bei industriellen Absatzentscheidungen ist die Buying-Center-Analyse eine notwendige Voraussetzung für den Verkaufserfolg. Dabei gilt es, nicht nur den Einkäufer im Blick zu haben, sondern die verschiedenen Mitglieder des Buying-Centers mit ihren zum Teil

---

[20] Vergleiche Lippold (2012, S. 60 f).

recht unterschiedlichen Ansprüchen, Erwartungen und Motiven zu verstehen. Folgende Aspekte sind Bestandteil einer umfassenden Buying-Center-Analyse:

- Buying-Center-Mitglieder und Rollen bei der Entscheidungsfindung,
- konformes und non-konformes Rollenverhalten der Buying-Center-Mitglieder,
- Beziehungsnetz und Machtstrukturen des Buying-Centers,
- Entscheidungsfindungsprozess und Entscheidungsfindungsteilschritte,
- Beschaffungskriterien und Nutzenerwartungen,
- Beurteilung der Leistungsfähigkeit des Anbieters durch das Buying-Center.

Diese sechs Themenbereiche sind im Idealfall zur Gänze zu bearbeiten. Dies ist jedoch nicht immer möglich, da zum Beispiel bei großen oder komplex strukturierten Nachfrageorganisationen Informationen nur schwer beschafft oder Kontakte nur zu einer begrenzten Zahl an Buying-Center-Mitgliedern aufgebaut werden können. Die in Tabelle 1 aufgeführten, beispielhaften Leitfragen sollen dabei helfen, möglichst vielfältige Hinweise zu den skizzierten sechs Themenbereichen zu sammeln, um Buying-Center-Verhandlungen erfolgreich zu gestalten.

Die Einkaufsgruppe dürfte sich je nach Ausschreibung oder Projekt immer wieder neu zusammensetzen, auch wenn es sich um einen identischen Kunden handelt. Insofern ist es empfehlenswert, Entscheidungen nicht auf der Basis zurückliegender Analysen zu treffen, sondern die aufgeführten Leitfragen zu nutzen, um vor jedem potenziellen Verkauf alle relevanten Informationen zu beschaffen, um die Käufer in Unternehmen und Organisationen vom eigenen Angebot zu überzeugen.

Buying-Center-Mitglieder und Rollen bei der Entscheidungsfindung
Welche Personen sind Teil des Buying-Centers und welche Rollen nehmen sie ein?
Setzt sich das Buying-Center aus unternehmensinternen und -externen Personen zusammen?
Welche Personen treffen die kaufmännische und welche die fachliche Entscheidung?
Wer nutzt das Produkt beziehungsweise die Dienstleistung?
Wer verfügt über das Budget?
Konformes und non-konformes Rollenverhalten der Buying-Center-Mitglieder
Welchen fachlichen Hintergrund haben die einzelnen Buying-Center-Mitglieder?
Können sich die Rollen im Verlauf des Entscheidungsprozesses verändern?
Welche Partikularinteressen verfolgen die einzelnen Buying-Center-Mitglieder?
Welche Themen haben die einzelnen Personen aktuell auf ihrer Agenda?
Welche Personen sind offen für geschäftliche und private Themen und welche nicht?
Beziehungsnetz und Machtstrukturen des Buying-Centers
Wie sind die Machtverhältnisse im Buying-Center?
Welche Personen dominieren die Beschaffungsentscheidung? Warum?
Sind die Mitglieder des Buying-Centers vernetzt?
Kreuzen sich aktuell die Karrierepfade von einzelnen Personen des Buying-Centers?

Entscheidungsfindungsprozess und Entscheidungsfindungsteilschritte
Sind die Beschaffungsprozesse formalisiert?
Welche Personen sind je Prozessschritt zu kontaktieren oder zu informieren?
Müssen Genehmigungen zur Kontaktaufnahme mit Ansprechpartnern eingeholt werden?
In welcher Phase des Prozesses treten die Mitglieder des Buying-Centers auf?
Beschaffungskriterien und Nutzenerwartungen
Existieren Preferred Supplier-Kriterien und wie lauten die Sollwerte?
Welche Bedeutung kommt den Kriterien Qualität, Preis und Lieferbedingungen zu?
Welche Basis-, Leistungs- und Begeisterungsfaktoren muss das Produkt erfüllen?
Wie viele Wettbewerbsangebote werden eingeholt?
Welche Qualität oder welche Preise bieten die Wettbewerber?
Welchen fachlichen oder emotionalen Nutzen bietet der Anbieter den einzelnen Personen?
Beurteilung der Leistungsfähigkeit des Anbieters durch das Buying-Center
Wie nehmen die Mitglieder des Buying-Centers die Leistung des Anbieters wahr?
Wie wird die Leistung des Anbieters im Vergleich zum Wettbewerb beurteilt?
Welche Personen treten als Förderer oder Befürworter des Anbieters auf?

Welche Personen treten als Bremser oder Saboteure des Anbieters auf?

Tabelle 1: Leitfragen zur Buying-Center-Analyse[21]

Weiterführende Hinweise

In einigen Arbeiten zum Industriegütermarketing wird auf die Unzulänglichkeiten der Buying-Center-Analyse hingewiesen, die den Anforderungen eines sich rasch wandelnden, internationalen Business-to-Business-Umfeldes nicht mehr gerecht werde.[22] In diesem Zusammenhang wird auf Strukturmodelle oder Interaktionsansätze verwiesen, die aufgrund ihrer Komplexität und ihres zum Teil heuristischen Charakters für praktische Vertriebsfragen allerdings nur begrenzt geeignet sind. Zudem ist fraglich, inwiefern der Soziologie entlehnte Milieu- oder Lebensstilansätze neue Erkenntnisse liefern, da diese letztlich auch in einer Beschreibung von Clustern beziehungsweise Typologien gipfeln, die freilich von Unternehmen zu Unternehmen unterschiedlich ausgeprägt sind, aber für den Praktiker nur einen bescheidenen Erkenntnisgewinn bei der Analyse eines industriellen Zielkunden bieten. Insofern bleibt es für Außendienstmitarbeiter oder Key Account Manager sowohl in der Akquisitionsphase, als auch bei der Kundenentwicklung und Kundenbindung unerlässlich, Kontakte zu einer Vielzahl von Ansprechpartnern in einem Unternehmen aus unterschiedlichen Bereichen zu pflegen und nicht aufgrund der jeweiligen Rolle oder Funktion ein bestimmtes Entscheidungsverhalten vorauszusetzen. Vielmehr ist hinter die Buying-Center-Rolle zu blicken, um im

[21] In Anlehnung an Homburg (2012a, S. 1029 f).

[22] Vergleiche zum Beispiel Kuhn & Zajontz (2011, S. 48 f).

Sinne eines sozialwissenschaftlichen Ansatzes konformes und non-konformes Rollenverhalten zu identifizieren. In der Praxis sollten nicht wenige Personen eines Unternehmens sehr oft kontaktiert, sondern eine Vielzahl von potenziellen Buying-Center-Mitgliedern in das Besuchsmodell aufgenommen werden. Als wichtige Steuerungsgröße im Vertrieb wäre demnach die Anzahl der kontaktierten und im Detail analysierten Buying-Center-Mitglieder in Ergänzung zu den etablierten Kennzahlen[23] zu berücksichtigen.

---

[23] Siehe hierzu Schneider & Hennig (2008).

3 Marktforschung und strategisches Marketing

3.1 Kundenanalyse

- *Problemstellung:* Identifizierung und Gruppierung potenzieller Kunden und Auswahl geeigneter Kundensegmente zur spezifischen Marktbearbeitung
- *Zielgruppe:* Marketing- und Vertriebsverantwortliche, Produktmanager, Produktentwickler, Preismanager, Kommunikationsverantwortliche
- *Voraussetzungen:* Beschaffung von Markt-, Kunden-, Wettbewerbs- und Unternehmensdaten auf der Basis von Primär- und Sekundäranalysen

Zielsetzung der Kundenanalyse

Die beschriebenen Elemente des Marketingmix – die Produkt-, Preis-, Vertriebs- und Kommunikationspolitik – können einheitlich, das heißt zielgruppenübergreifend gestaltet werden. Dabei würde man von der Annahme ausgehen, dass Konsumenten durch vergleichbare Anforderungen, Präferenzen und Verhaltensweisen charakterisiert sind und demnach undifferenziert behandelt werden können. Gleichwohl sind die meisten Branchen durch heterogene Zielgruppen gekennzeichnet, die jeweils typische Motiv- und Konsumstrukturen aufweisen. Daraus resultiert die Notwendigkeit, den gesamten Marketingmix nicht standardisiert, sondern zielgruppenspezifisch auszurichten, um Unternehmen zum Erfolg zu führen. Für eine zielgruppenspezifische Gestaltung ist es erforderlich, die Kunden zu identifizieren und in homogene Gruppen einzuteilen, bevor diese mit differenzierten Angeboten angesprochen werden können.

Dieses Ziel verfolgt die Kundenanalyse. Sie bildet den Ausgangspunkt aller Marketing- und Vertriebsaktivitäten und ist Voraussetzung für die erfolgreiche Positionierung von Unternehmen, Geschäftseinheiten, Produkten oder Marken. Eine systematische Positionierung erscheint insofern wichtig, als Marketing nicht nur ein Wettstreit der Produkte, sondern auch ein Wettstreit der Wahrnehmungen ist. Demnach ist nicht alleinentscheidend, der Beste auf dem Markt, sondern vielmehr „der Erste im Kopf der Verbraucher zu sein"[24].

Beschreibung der Kundenanalyse

Im Rahmen der Kundenanalyse werden folgende drei Fragen geklärt:

- Welche Zielgruppen können und wollen wir erreichen?
- Welche Kundensegmente sind die attraktivsten?
- Welche Kundengruppen sollen im Fokus unserer Marketingaktivitäten stehen?

Die Beantwortung dieser drei Fragen steht im Mittelpunkt der weiteren Ausführungen, während die Frage nach dem gezielten Einsatz der Marketinginstrumente für ein ausgewähltes Kundensegment ausgeklammert bleibt. Diese Frage fällt in den Bereich der Kundensegmentbearbeitung und nicht in jenen der Kundenanalyse.

Zur Beantwortung der ersten Frage – „Welche Zielgruppen können und wollen wir erreichen?" – ist zunächst eine Marktabgrenzung vorzunehmen. Das heißt, es ist der relevante Markt zu bestimmen, der mit Marketingaktivitäten bearbeitet werden soll. Hierzu können verschiedene Abgrenzungsmerkmale herangezogen werden wie der

---

[24] Ries & Ries (2003, S. 369). Siehe auch Ries & Trout (2001, 2012).

sachliche oder emotionale Nutzen eines Produktes, die Bedürfnisse und Wünsche von Kunden oder das Volumen und Risiko eines Marktes.

Die Festlegung des relevanten Marktes auf der Basis der genannten Kriterien bildet die Grundlage für eine systematische Betrachtung der Kundengruppen. Dabei werden nicht nur ökonomische, sondern auch psychologische und demografische Merkmale mit dem Ziel berücksichtigt, die Gesamtheit der Kunden des relevanten Marktes in Gruppen einzuteilen und diese möglichst präzise zu beschreiben. Dies ist erforderlich, um im Anschluss an die Kundenanalyse die einzelnen Marketinginstrumente passgenau auszuwählen. Insofern sind die aktuellen und potenziellen Kunden so zu gruppieren, dass die Unterschiede zwischen den Mitgliedern einer Gruppe möglichst gering sind, während die Unterschiede zwischen den Gruppen möglichst groß sein sollten. Anders ausgedrückt: Innerhalb einer Gruppe sollten zum Beispiel die Kaufeinstellungen und Konsumgewohnheiten sehr ähnlich sein, sich jedoch deutlich von den Kaufeinstellungen und Konsumgewohnheiten anderer Gruppen unterscheiden. Zur Bildung homogener Segmente, die untereinander möglichst heterogen sein sollten, können die in Abbildung 4 dargestellten Kriterien herangezogen werden.[25]

---

25 Vergleiche Kotler, Armstrong, Wong & Saunders (2011, S. 453).

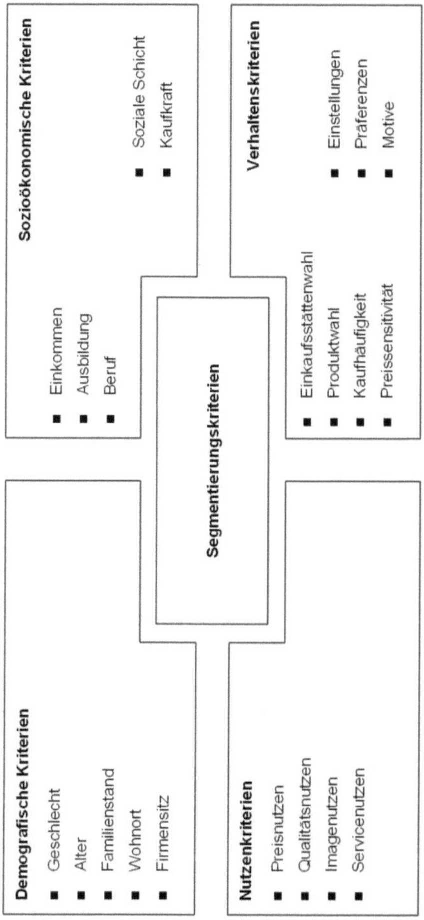

Abbildung 4: Beispielhafte Segmentierungskriterien[26]

[26] Vergleiche Bruhn (2010, S. 60) und Homburg (2012b, S. 138).

Bei der Auswahl der für die Kundensegmentierung berücksichtigten Kriterien ist darauf zu achten, dass diese die folgenden methodischen Anforderungen erfüllen:[27]

- Kaufverhaltensrelevanz: Die berücksichtigten Kriterien sollten in einem direkten Zusammenhang mit dem aktuellen oder zukünftigen Kaufverhalten stehen.
- Operationalisierbarkeit: Es sollten Kriterien ausgewählt werden, deren Messbarmachung möglich ist.
- Zeitliche Stabilität: Die Segmente sollten auf der Basis von Kriterien gebildet werden, die im Zeitablauf eine gewisse Konstanz aufweisen.
- Ansprechbarkeit: Die Kriterien sollten zu Segmenten führen, deren Mitglieder man prinzipiell erreichen und differenziert ansprechen kann.
- Wirtschaftlichkeit: Es sollten Kriterien zur Gruppenbildung herangezogen werden, die dazu beitragen, dass der Segmentierungsaufwand in einem sinnvollen Verhältnis zum Segmentierungsnutzen steht.

Die Kundensegmentierung offenbart Chancen und Risiken für Unternehmen und zeigt auf, welche Möglichkeiten für standardisierte oder differenzierte Angebote existieren. Daran anknüpfend ist die Frage zu beantworten, welche Kundensegmente die attraktivsten sind und welche bearbeitet werden sollen. Bei der Bewertung und Auswahl der Segmente werden Kriterien wie Segmentgröße, Segmentpotenzial und Segmentwachstum sowie die Wettbewerbssituation, mögliche Synergieeffekte und die Zielsetzungen des Unternehmens berücksichtigt. Auf dieser Basis werden Zielkunden definiert, und es wird die dritte Frage der Kundenanalyse beantwortet und bestimmt, ob

---

[27] Vergleiche Kuß & Tomczak (2007, S. 94) und Meffert, Burmann & Kirchgeorg (2012, S. 194).

segmente zu erhalten.[33] Die einzelnen Cluster, die durch spezifische Merkmalskombinationen gekennzeichnet sind, werden in einem weiteren Schritt hinsichtlich der vorherrschenden Präferenzen, Werthaltungen und Anforderungen analysiert. Hierbei können verschiedene Methoden wie die Means-End-, Conjoint- oder Kano-Analyse zum Einsatz kommen, die in den Kapiteln 2.1, 3.3 und 3.4 ausführlich diskutiert werden. Darüber hinaus sind weitere Fragen an die Cluster zu richten, um in Erfahrung zu bringen, wie der Kaufprozess abläuft, wer diesen beeinflusst oder wer über den Kaufabschluss entscheidet. Informationsquellen können der Vertrieb oder das Key Account Management und Kundenbefragungen sein.

Vor der Auswahl der lohnenden Kundensegmente werden deren Attraktivität und Eignung zum Beispiel anhand des Absatzpotenzials und des Segmentwachstums bewertet. Zudem werden der tatsächliche und der empfundene Kundennutzen eines Produktes oder einer Dienstleistung je Segment im Rahmen von empirischen Studien analysiert, um eine Einschätzung zu erhalten, in welcher Kundengruppe welche Art von Nutzen in welcher Höhe gestiftet wird. Auf der Basis von Wettbewerbsanalysen wird schließlich ermittelt, in welchen Segmenten vergleichsweise geringe Konkurrenz vorherrscht und in welchen der Wettbewerb sehr intensiv ist.

---

[33] Vergleiche Bortz & Schuster (2010, S. 453).

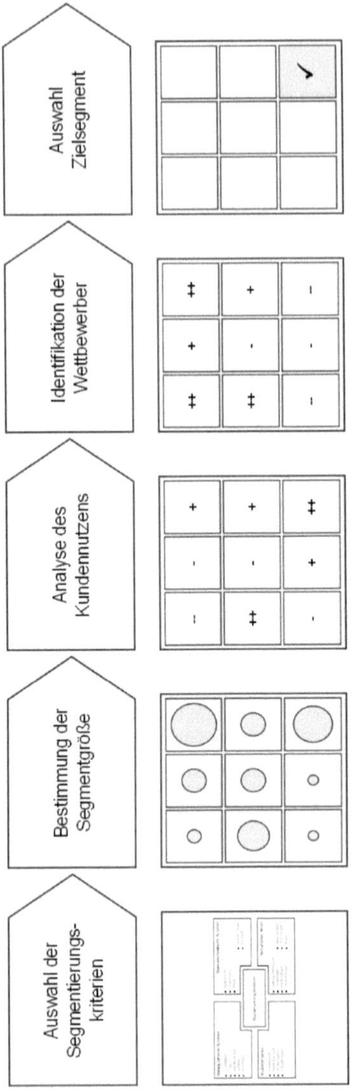

Abbildung 5: Prozess der Markt- und Kundensegmentierung

Abbildung 5 illustriert den beschriebenen Segmentierungsprozess, an dessen Ende die Auswahl der Zielsegmente steht. Die Festlegung der Kundencluster ergibt sich durch eine integrative Betrachtung der einzelnen Prozessschritte. Das heißt, Entscheidungen für oder gegen die Bearbeitung eines Kundensegmentes werden nicht auf der Basis einer einzelnen Analyse getroffen. Segmente können zum Beispiel ein großes Absatzpotenzial und geringen Wettbewerb aufweisen und sich dennoch nicht für zielgerichtete Marketingmaßnahmen eignen. Andererseits müssen Cluster mit geringem Potenzial und Wachstum, aber intensivem Wettbewerb nicht zwingend unberücksichtigt bleiben. Entscheidend für eine geeignete Segmentauswahl ist vielmehr eine kombinierte Berücksichtigung der Kundenspezifika, der Segmentgröße, des Kundennutzens und der Wettbewerbssituation.[34]

Sind die Zielsegmente definiert, ist abschließend festzulegen, ob sich ein Unternehmen – zum Beispiel aufgrund begrenzter ökonomischer und personeller Ressourcen oder auf der Grundlage spezifischer Positionierungsüberlegungen – auf ein einzelnes Segment konzentrieren sollte. Die Strategie der Konzentration auf eine bestimmte Kundengruppe bietet den Vorteil, dass Arbeitsabläufe aufgrund der Spezialisierung effizient gestaltet und exklusive Kundenbeziehungen aufgebaut werden können. Nachteilig wirkt sich die Fokussierung auf eine Zielgruppe aus, wenn Kunden ihre Präferenzen ändern oder aufgrund neuer Technologien zu alternativen Produkten abwandern. Eine partielle Spezialisierung gleicht durch eine Bearbeitung mehrerer Zielsegmente diese Nachteile und die damit verbundenen Risiken aus. Der Wegfall einer Kundengruppe kann in diesem Fall durch die anderen

---

[34] Vergleiche Kotler, Keller & Bliemel (2008, S. 387 ff).

kompensiert werden. Unternehmen haben auch die Möglichkeit, die Strategie der Produktspezialisierung zu verfolgen. Hierbei konzentrieren sich Anbieter auf die Vermarktung eines einzelnen Produktes an heterogene Zielgruppen. Schließlich können Unternehmen einen Markt und die entsprechenden Segmente auch zur Gänze abdecken, indem sie ihr marketingpolitisches Instrumentarium differenziert oder undifferenziert ausgestalten.[35]

Weiterführende Hinweise

Eine Quelle nachhaltiger Wettbewerbsvorteile liegt in der Fähigkeit eines Unternehmens, seine Kunden genau zu kennen und die Angebote zielgruppenorientiert anzubieten. Zielgruppenorientierung bedeutet dabei, die optimale Anzahl an Kundengruppen effizient und anforderungsgerecht zu bearbeiten und nicht den Fehler einer „Übersegmentierung“ oder einer „Überkonzentration“ zu begehen.[36] Denn sowohl eine zu feine Untergliederung des Marktes als auch eine zu enge Ausrichtung des Marketingprogramms an zu wenigen Kunden birgt Risiken mit Blick auf die Profitabilität und die langfristige Überlebenssicherung eines Unternehmens. Eine entsprechende Balance ist demnach anzustreben. Hierbei bietet die Kundenanalyse und die damit verknüpften, weitergehenden Methoden zahlreiche Anhaltspunkte und Hilfestellungen, indem Kunden identifiziert, analysiert und gruppiert werden, bevor eine Festlegung der Wettbewerbsposition und des Leistungsprogramms erfolgt.

---

35 Vergleiche Kotler, Keller & Bliemel (2008, S. 388).
36 Lippold (2012, S. 81).

3.2 Produktlebenszyklusanalyse

- *Problemstellung:* Analyse und Planung des Produktionsprogramms und darauf abgestimmter, phasengerechter Einsatz der Marketinginstrumente
- *Zielgruppe:* Marketing- und Vertriebsverantwortliche, Produktmanager, Produktcontroller
- *Voraussetzungen:* Beschaffung relevanter Produkt-, Kunden- und Marktdaten und Verfügbarkeit von Ressourcen und Möglichkeiten zur Entwicklung geeigneter Marketingaktivitäten

Zielsetzung der Produktlebenszyklusanalyse

Die Aufgabe der Unternehmensanalyse besteht darin, Stärken und Schwächen eines Unternehmens zu ermitteln. Hierzu kann auf verschiedene betriebswirtschaftliche Methoden zurückgegriffen werden, die je unterschiedliche Perspektiven einnehmen: Während die Wertkettenanalyse Ursachen für Wettbewerbsvorteile und das 7S-Modell quantitative und qualitative Erfolgsdimensionen betrachten, nimmt die Produktlebenszyklusanalyse ihren Ausgangspunkt bei den Produkten beziehungsweise Dienstleistungen eines Unternehmens. Produkte und Dienstleistungen stiften Nutzen für die jeweiligen Kunden, wobei die Nutzenerwartungen der Abnehmer Veränderungen unterworfen sind. Durch das Auftreten neuer Anbieter mit zum Beispiel innovativen Produkten, neuen Vertriebswegen oder verbesserten Serviceleistungen wandeln sich die Erwartungen und Anforderungen der Kunden und damit deren Nachfrage. Das heißt, Markt- und Angebotsveränderungen bewirken im Allgemeinen, dass neue Produkte stärker und etablierte Produkte mit vergleichbaren Nutzenversprechen weniger nachgefragt werden.

Insofern lässt sich empirisch zeigen, dass Produkte eine Entwicklung durchlaufen, die im Rahmen der Produktlebenszyklusanalyse beschrieben und erklärt wird.

Das Ziel dieser Methode ist demnach, Absatz-, Umsatz- oder Gewinnveränderungen eines Produktes im Zeitablauf zu betrachten, um Schwächen im Produktprogramm aufzudecken und um Rückschlüsse für die Entwicklung von Marktstrategien und für die Gestaltung des Produkt-Markt-Mix zu ziehen. Die Kenntnis der Differenz zwischen den Angeboten des Unternehmens und den Anforderungen des Marktes schafft insofern die Voraussetzung zur Optimierung des Marketingmix und zur zielgruppen- beziehungsweise marktsegmentspezifischen Ausrichtung des Produktportfolios. Ergänzt werden kann die Methode um eine Betrachtung der Lebenszyklen von Branchen, Märkten oder Technologien, um für die Strategiearbeit ein detailliertes Bild sowohl der Mikro- als auch der Makrobedingungen zu erhalten.[37]

Beschreibung der Produktlebenszyklusanalyse

Unter einem Produktlebenszyklus versteht man die Summe aller Phasen beziehungsweise Entwicklungsabschnitte, die ein Produkt von der Entstehung bis zur Eliminierung durchläuft. Dabei werden typischerweise die Zeit als unabhängige Variable und Umsatz, Absatz, Gewinn oder Kosten als abhängige Variablen betrachtet. Analog zu biologischen Organismen ist das Leben von Produkten endlich und in folgende Abschnitte unterteilbar:[38]

---

[37] Vergleiche Bea & Haas (2013, S. 134 ff) und Welge & Al-Laham (2012, S. 357 ff).

[38] Vergleiche im Überblick Helm (2006, S. 300 ff), Kotler, Armstrong, Wong & Saunders (2011, S. 666 ff) und Sander (2011, S. 328 ff).

- Produktentwicklung,
- Markteinführung,
- Wachstum,
- Reife,
- Sättigung und
- Degeneration.

Die Betrachtung des Produktlebenszyklus und der genannten sechs Phasen[39] ermöglicht Aussagen über die Anforderungen des Marktes, die sich durch politische, rechtliche, ökonomische, soziale oder technologische Bedingungen ändern können. Diese sind im Detail zu analysieren und – wenn möglich – zu antizipieren, um das Produktprogramm entsprechend zu gestalten. Die in Abbildung 6 illustrierten Abschnitte sind jedoch nicht nur für Produkte charakteristisch, sondern auch für Modetrends oder Lebensstile. Auch diese verändern sich im Verlauf der Zeit: Sie entstehen, finden wachsenden Zulauf, erleben Höhepunkte, stagnieren und werden schließlich durch Neues verdrängt. Obgleich die Entwicklungsabschnitte hinsichtlich Verlauf und Dauer recht unterschiedlich ausgeprägt sein können, weisen sie eine typische Reihenfolge und die nachstehenden Besonderheiten auf:

Entwicklungsphase: Die erste Phase ist durch die Entwicklung des Produktes gekennzeichnet, die mit der Ideengewinnung und Ideenkonkretisierung beginnt und mit der Produktrealisierung endet. In diesem Entwicklungsabschnitt fallen keine Umsätze, aber bereits erhebliche Kosten an. Neben den reinen Entwicklungskosten entste-

---

[39] Theorie und Praxis kennen auch andere Phasenabgrenzungen (vergleiche Höft 1992).

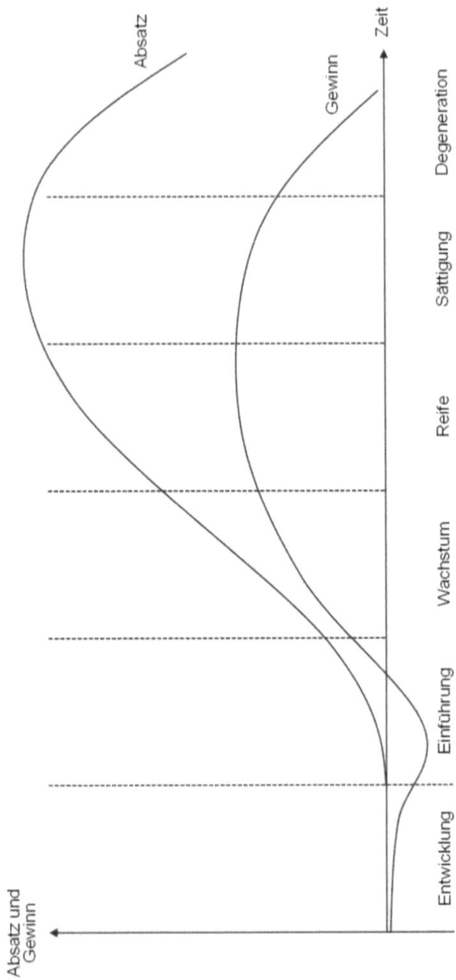

Abbildung 6: Idealtypischer Lebenszyklus eines Produktes

hen durch Produkt- und Markttests oder Kundenwert- und Kundenpräferenzanalysen zusätzliche Aufwendungen, die durch Erträge beziehungsweise Einnahmen anderer Produkte gedeckt werden müssen.

Einführungsphase: An die erfolgreiche Entwicklung eines Produktes schließt sich die Phase der Einführung in den relevanten Markt an. Recht häufig werden Produkte zunächst nur in einer Basisversion angeboten, bevor im weiteren Verlauf neue Varianten und Differenzierungen entstehen. Die erste Marktphase zeichnet sich durch langsam steigende Absätze bei immer noch recht hohen Kosten aus. Vielfach werden in der ersten Hälfte dieses Entwicklungsabschnittes aufgrund hoher Aufwendungen für Marketing und Vertrieb Verluste erwirtschaftet. Denn zum einen müssen Kunden auf Produkte aufmerksam gemacht und informiert sowie zum Kauf animiert werden. Zum anderen müssen Händler zur Aufnahme der Produkte in das Sortiment bewegt und deren Lagerbestände gegebenenfalls vorfinanziert werden. Bei der Wahl der geeigneten Marketingstrategie bestehen zahlreiche Freiheitsgrade hinsichtlich der Preis-, der Kommunikations- und der Vertriebspolitik. Je nach Marktsituation können – wie in Kapitel 4.0 beschrieben – zum Beispiel eine Skimming- oder eine Penetrationsstrategie verfolgt, aufwändige oder einfache kommunikationspolitische Maßnahmen ergriffen und direkte oder indirekte Vertriebswege festgelegt werden.

Wachstumsphase: Wenn Unternehmen in der Lage sind, Produkte anzubieten, die nicht nur die so genannten Early Adopter, sondern auch weitere Käufer begeistern, werden sie nach einer Einführungs- in eine Wachstumsphase eintreten. Diese ist durch deutlich steigende Absatzzahlen und Gewinne und die Herausforderung gekennzeichnet, Markteintrittsbarrieren aufzubauen. Denn die Erfolge des

Marktpioniers werden neue Wettbewerber anlocken, die auf der Basis beobachteter Markt- und Kundenreaktionen den Versuch unternehmen, sich mit vergleichbaren oder verbesserten Angeboten zu positionieren. Insofern kommt es in diesem Stadium darauf an, Produktvarianten einzuführen, Preise zu differenzieren oder Vertriebskanäle zu erweitern, um den aktuellen und potenziellen Kunden einen größeren Mehrwert zu bieten als die Konkurrenz.

Reifephase: Zu Beginn der Reifephase steigen die Absätze weiter und es werden signifikante Gewinne erzielt. Gleichwohl werden in der zweiten Hälfte dieses üblicherweise recht langen Stadiums die ersten Anzeichen einer Marktsättigung erkennbar. Das Wachstum verlangsamt sich, während Unternehmen im Allgemeinen versuchen, durch gesteigerte Marketingaufwendungen und das Erschließen neuer Marktsegmente diesem Trend zu begegnen. Die entsprechenden Marketingaktivitäten führen in Kombination mit dem weiter steigenden Wettbewerbsdruck bei den meisten Anbietern zu Gewinnstagnationen oder sogar zu Gewinnrückgängen. Infolgedessen scheiden finanzschwache Konkurrenten schrittweise aus dem Marktgeschehen aus.

Sättigungsphase: In der Sättigungsphase erreicht der Absatz ein Plateau und die Gewinne brechen zum Teil deutlich ein. Daher beginnen Unternehmen – zum Teil noch vor Beginn der Degenerationsphase –, schwache Produkte aus dem Portfolio zu entfernen und starke Produkte zum Beispiel durch einen Relaunch wieder auf Erfolgsbeziehungsweise Wachstumskurs zu bringen.

Degenerationsphase: Im letzten Abschnitt sinken sowohl Absätze als auch Gewinne, und das Produkt wird aufgrund technischer Unterlegenheit oder veränderter Käuferbedürfnisse nur noch in begrenzten Varianten angeboten oder vom Markt genommen. Die Werbeausgaben werden auf ein Minimum reduziert oder eingestellt – es sei denn, eine Wiederbelebung des Produktes im Sinne eines Relaunch erscheint aufgrund der spezifischen Marktkonstellation erfolgversprechend. Schwache Produkte werden in der Praxis teilweise auch unverändert weitergeführt, wenn diese beispielsweise zum Image eines Anbieters beitragen oder wenn das Management davon ausgeht, dass sich nach dem Rückzug zentraler Wettbewerber neue Absatzmöglichkeiten ergeben.

Anwendungsbereich und Anwendungsprozess

Die Durchführung einer Produktlebenszyklusanalyse setzt die Verfügbarkeit relevanter Produkt-, Kunden- und Marktdaten voraus. Dabei kann sowohl auf Primär- als auch auf Sekundärquellen zurückgegriffen werden. Im ersten Fall dienen vergangenheitsorientierte Absatz- oder Umsatzzahlen und zukunftsorientierte Planwerte von Vertriebs- und Marketingexperten des eigenen Unternehmens als zentrale Inputvariablen. Im zweiten Fall werden Marktforschungsstudien, Branchenanalysen und Trendprognosen zu Rate gezogen. Im Idealfall basiert eine Produktlebenszyklusanalyse auf verschiedenen Datenquellen, um die eigenen Produkte möglichst präzise in entsprechende Entwicklungsphasen einzuteilen und um erfolgversprechende Marketingmaßnahmen abzuleiten. Die Anwendung der Methode erfolgt typischerweise in drei Schritten:

- Sammlung und Validierung aller relevanten Produkt-, Kunden- und Marktdaten,
- Auswertung und Interpretation des primären und sekundären Zahlenmaterials,

- Bestimmung zukünftiger Kunden- und Marktentwicklungen.

Zunächst ist zu klären, welche Daten, in welchen Unternehmensbereichen, auf welchem Detailniveau vorliegen. Vergangenheits- und gegenwartsbezogene Zahlen sind üblicherweise im Marketing und Vertrieb oder im Produktmanagement und Controlling zu finden. Diese müssen gesammelt und validiert und danach differenziert werden, ob es sich zum Beispiel um Umsatzzahlen für einzelne Produkte und ganze Produktkategorien oder um Kundenzufriedenheits- und Kundenabwanderungsdaten handelt. Ergänzt werden die intern verfügbaren Zahlen um Sekundärinformationen, die beispielsweise Auskunft über Trends oder sich abzeichnende Technologieveränderungen geben. Die primären und sekundären Quellen werden schließlich ausgewertet und um Ergebnisse unternehmensinterner Szenarioanalysen erweitert, um ein möglichst umfassendes Bild vergangener, aktueller und zukünftiger Entwicklungen zu erhalten. Auf dieser Basis können Lebenszyklen bestimmt, Normstrategien abgeleitet und Produkte gemäß ihrem jeweiligen Alter und ihrer jeweiligen Position im Lebenszyklus bearbeitet werden. Zur Produktprogrammplanung kommt die Lebenszyklusanalyse in der Praxis jedoch kaum isoliert zur Anwendung. Vielmehr wird sie in der Regel um betriebswirtschaftliche Methoden wie die Conjoint- oder die Kundenzufriedenheitsanalyse ergänzt, die in den Abschnitten 3.3 und 3.4 ausführlich diskutiert werden.

Weiterführende Hinweise

Seit einigen Jahren ist der Trend zu beobachten, dass Marktzyklen von Konsumgütern kürzer werden, während sich Forschungs- und Entwicklungsphasen teilweise verlängert haben. Dadurch entstehen neue Herausforderungen für die Produktprogrammplanung und die Entwicklung von Produktstrategien. So haben in der jüngeren Vergangenheit zum Beispiel namhafte Unternehmen der Chemie- und Pharmaindustrie auf die Tendenz zu kürzeren Markt- und längeren Entwicklungszyklen reagiert, indem sie innovative Unternehmen mit einer gut gefüllten Pipeline übernommen und dadurch Schwächen in der Entwicklung eigener Produkte ausgeglichen haben. Zur Identifikation dieser und ähnlicher Handlungsoptionen kann unter anderem auf die Produktlebenszyklusanalyse zurückgegriffen werden. Mit Hilfe dieser Methode lassen sich absatzpolitische Maßnahmen optimieren und Produkte zielgruppengerecht positionieren.

Allerdings sind bei der Anwendung folgende Hauptkritikpunkte zu beachten, die sich vor allem gegen den Phasenverlauf und die Phasenlänge richten: Die Produktlebenszyklusanalyse geht von einem quasi naturgesetzlichen Phasenverlauf aus, der in Abbildung 6 beschrieben ist. In der Praxis können sich jedoch davon abweichende Verläufe ergeben, indem beispielsweise Phasen übersprungen oder die Länge der Phasen ausgedehnt werden. Für Produktmanager ergibt sich daraus die Schwierigkeit, präzise Verläufe zu prognostizieren und das Produktprogramm entsprechend auszurichten. Vielfach gelingt es erst im Nachhinein, den Lebenszyklus zu beschreiben und deutlich zu machen, welche Maßnahmen man hätte ergreifen sollen. Diese methodische Schwäche lässt sich kompensieren, indem man in der Praxis betriebswirtschaftliche Methoden nicht isoliert, sondern kombiniert anwendet und zentrale Weichenstellungen erst auf der Basis entsprechend fundierter Kombinationsanalysen vornimmt.

3.3 Conjoint-Analyse

- *Problemstellung:* Bestimmung der Bedeutung einzelner Produkteigenschaften für das Zustandekommen einer Gesamtpräferenz aus Kundensicht und Messung entsprechender Zahlungsbereitschaften
- *Zielgruppe:* Marketingverantwortliche, Marktforscher, Produktentwickler, Produktmanager, Preismanager
- *Voraussetzungen:* Bekanntheit kaufrelevanter Merkmalsausprägungen, die vergleichbar, substituierbar und prinzipiell unabhängig voneinander sein müssen

Zielsetzung der Conjoint-Analyse

In den Augen der Kunden stellen Güter keine in sich geschlossenen Zweck-Mittel-Komplexe, sondern Bündel aus Merkmalskombinationen dar. Die einzelnen Produktmerkmale oder Produktattribute wie Marke, Design, Leistung, Qualität, Verpackung oder Preis stehen in einem Zusammenhang mit den Präferenzen der Konsumenten. Diese Präferenzen aufzudecken und für die Gestaltung der Produkt- oder der Preispolitik nutzbar zu machen, ist das Ziel der Conjoint-Analyse, die auch als „Trade-Off-Analyse, Verbundmessung oder konjunktive Analyse“[40] bezeichnet wird. Dabei geht es weniger um die Ermittlung einer Globalpräferenz für ein Gesamtprodukt, sondern vielmehr um die Erkenntnis, wie aktuelle oder potenzielle Kunden einzelne Produktprofile beziehungsweise Produktalternativen bewerten und welchen Beitrag diese Ein-

---

[40] Klein (2002, S. 7).

zelmerkmale zum Gesamtnutzen eines Produktes leisten.[41] Als eine Methode der indirekten Präferenzmessung eignet sich die Conjoint-Analyse vor allem mit Blick auf komplexe beziehungsweise extensive Kaufentscheidungssituationen, die durch „ein hohes kognitives und hohes emotionales Involvement“[42] der Konsumenten gekennzeichnet sind.[43]

Obgleich die Conjoint-Analyse mittlerweile zum Standardrepertoire der empirischen Markt- und Sozialforschung zählt, fristete sie in der Betriebswirtschaftslehre lange Zeit ein Schattendasein. Nach der Vorstellung der mathematischen Grundlagen des Conjoint-Measurements im Jahr 1964[44], fand die Methode erst in den 1970er-Jahren auch im Marketing und in der Marktforschung[45] zunehmende Verbreitung.

Beschreibung der Conjoint-Analyse

Die Conjoint-Analyse ist ein multivariates Verfahren zur Dekomposition globaler Präferenzurteile. Das heißt, Präferenzen werden im Rahmen der klassischen Conjoint-Analyse indirekt – also dekompositionell – erfasst. Dabei bewerten die Befragungsteilnehmer im Unterschied zu kompositionellen Verfahren nicht eine Eigenschaft isoliert, sondern ein bestimmtes Produkt ganzheitlich. Auf der Grundlage der Gesamtbeurteilung wird auf die Bedeutung der für das Produkt konstitutiven Eigenschaften

---

[41] Vergleiche Homburg (2012a, S. 405), Sander (2011, S. 217), Teichert, Sattler & Völckner (2008, S. 653) sowie im Überblick Backhaus, Erichson, Plinke & Weiber (2011).

[42] Homburg (2012a, S. 40).

[43] Vergleiche Bea, Helm & Schweitzer (2009, S. 286).

[44] Siehe Luce & Tukey (1964).

[45] Siehe Green & Rao (1971).

und deren Ausprägungen geschlossen. Darauf lässt sich auch der Name des Verfahrens zurückführen, da die Produktbewertung beziehungsweise das Gesamtnutzenurteil auf die einzelnen Produktattribute dekomponiert werden. Der große Vorteil der dekompositionellen gegenüber den kompositionellen Verfahren besteht darin, dass Befragungsteilnehmer Eigenschaften in ihrer Wichtigkeit im Allgemeinen valider und realitätsadäquater einstufen.[46]

Ein Beispiel: Die von Apple produzierten iPods zeichnen sich durch verschiedene Attribute aus. Die Geräte unterscheiden sich sowohl hinsichtlich Größe und Farbe, als auch mit Blick auf Design, Speicherkapazität und Preis. Dabei können die einzelnen iPod-Eigenschaften unterschiedliche Ausprägungen annehmen: Größe (iPod shuffle, iPod nano, iPod classic, iPod touch), Farbe (zum Beispiel schwarz, weiß, silber), Design (zum Beispiel kein Display, Display, Retina Display), Speicherkapazität (zum Beispiel 2 GB, 8 GB, 64 GB, 160 GB) und Preis (zum Beispiel 49 €, 129 €, 229 €, 389 €). Apple-Kunden entscheiden sich beim Kauf eines iPods für eine bestimmte Kombination dieser Merkmalsausprägungen – zum Beispiel für den iPod touch in schwarz mit Retina Display und einer Speicherkapazität von 64 GB für 389 €. Aus der Sicht von Apple könnte es nun von Interesse sein, wie sich die beschriebenen Ausprägungen der Produkteigenschaften Größe, Farbe, Design, Speicherkapazität und Preis im Rahmen des Kaufprozesses zueinander verhalten. Ist für den Kunden die Farbe entscheidend oder die Art des Displays, und werden zum Beispiel kleine Geräte positiver bewertet als große? Für solcherart Fragestellungen kann auf die Conjoint-Analyse zurückgegriffen wer-

---

[46] Vergleiche Fantapié Altobelli (2011, S. 333 f) und Klein (2002, S. 7 f).

den. Denn auf der Grundlage der Annahme, dass sich der Gesamtnutzen eines Produktes als Summe der Nutzenwerte der berücksichtigten Eigenschaften ergibt, kann mit Hilfe der Conjoint-Analyse die aus Kundensicht optimale Zusammenstellung von Eigenschaftsausprägungen bestimmt werden.

Üblicherweise kommt die Conjoint-Analyse im Marketing nicht nur bei der Entwicklung, Bewertung und Einführung von Produktkonzepten zur Anwendung, sondern auch bei Fragen des Preismanagements, um zum Beispiel Preis-Absatz-Funktionen zu schätzen oder um Zahlungsbereitschaften von Kunden zu ermitteln.[47]

Anwendungsbereich und Anwendungsprozess

Im Rahmen der Conjoint-Analyse werden Abhängigkeiten zwischen Variablen untersucht. Sie wird daher auch als dependenzanalytisches Verfahren bezeichnet. Die abhängige Variable wie der Gesamtnutzen eines iPods ist dabei in der Regel metrisch skaliert, wobei auch ein ordinales Skalenniveau möglich ist. Demgegenüber besteht hinsichtlich der unabhängigen Variablen wie Größe, Farbe, Design, Speicherkapazität und Preis eines iPods Flexibilität, da die unabhängigen Variablen sowohl nominal, ordinal als auch metrisch skaliert sein können.[48]

Unabhängig vom Skalenniveau muss man vor der Durchführung einer Conjoint-Analyse die relevanten Produktmerkmale und deren Ausprägungen festlegen, wobei darauf zu achten ist, dass die Anzahl der berücksichtigten Eigenschaften nicht zu umfangreich ausfällt. Es wird empfohlen, „maximal 6 Attribute mit jeweils etwa 4 bis 5

---

[47] Vergleiche Sander (2011, S. 217).

[48] Vergleiche Grunwald & Hempelmann (2012, S. 82) und Klein (2002, S. 11).

Ausprägungen zu analysieren“[49]. Anknüpfend an die Festlegung der Merkmale und Merkmalsausprägungen wird das Erhebungsdesign bestimmt, bevor die eigentliche Datenerhebung, die Schätzung der Nutzenwerte und die Interpretation der Ergebnisse erfolgen. Abbildung 7 illustriert den Ablauf einer Conjoint-Analyse.

Abbildung 7: Ablauf einer Conjoint-Analyse[50]

Bei der Festlegung des Erhebungsdesigns ist zunächst über die Art der verwendeten Stimuli zu entscheiden, die den Befragten zur Bewertung vorgelegt werden. Zur Auswahl stehen die Profilmethode und die Zwei-Faktor-Methode. Im Rahmen der Profilmethode werden die Probanden mit Produktprofilen konfrontiert, die eine Kombination der definierten Merkmale mit jeweils einer dazugehörigen Ausprägung darstellen. Ein Produktprofil wäre zum Beispiel ein iPod touch in schwarz mit Retina Display und

[49] Klein (2002, S. 14).

[50] Vergleiche Homburg (2012a, S. 406) und Sander (2011, S. 217).

einer Speicherkapazität von 64 GB für 389 €. Bei der auch als Trade-Off-Methode bezeichneten Zwei-Faktor-Methode bewerten die Probanden nicht Produktprofile, sondern alle Ausprägungen von zwei in Matrizen gegenübergestellten Attributen. So müssten beispielsweise die Apple-Probanden die Merkmale Größe und Farbe mit den entsprechenden Ausprägungen in einer so genannten Trade-Off-Matrix beurteilen.[51] In der Praxis kommt nahezu ausschließlich die Profilmethode zur Anwendung, da diese präzisere Daten liefert und eine höhere externe Validität aufweist.[52]

In einem nächsten Schritt ist zu bestimmen, wie die Stimuli den Befragten präsentiert werden. Für gewöhnlich erfolgt dies mit Hilfe von Profilkarten, wobei immer häufiger computergestützt vorgegangen wird. Die Verwendung von Bildern, Filmen und Geräuschen bietet den Vorteil, dass schwer beschreibbare Eigenschaften wie bestimmte Designaspekte auch zum Gegenstand der Bewertung gemacht werden können.[53]

Die Schätzung der Nutzenwerte stellt den Kern der Conjoint-Analyse dar, da die globalen Präferenzurteile in Teilnutzenwerte für die einzelnen Merkmalsausprägungen dekomponiert werden sollen, um die Wichtigkeit der Attribute für die Generierung von Kundennutzen bestimmen zu können. Die Parameterschätzung kann über verschiedene Verfahren erfolgen, die im Ergebnis eine Schätzung der Teilnutzenwerte und der daraus resultierenden Ge-samtnutzenwerte auf Gesamtstichproben-, Teilstichproben- oder Individualebene liefern.[54]

---

[51] Vergleiche Homburg (2012a, S. 407 f).

[52] Vergleiche Teichert, Sattler & Völckner (2008, S. 671 f).

[53] Vergleiche Homburg (2012a, S. 408 f) und Klein (2002, S. 24).

[54] Vergleiche Klein (2002, S. 25 ff) und Teichert, Sattler & Völckner (2008, S. 676 ff).

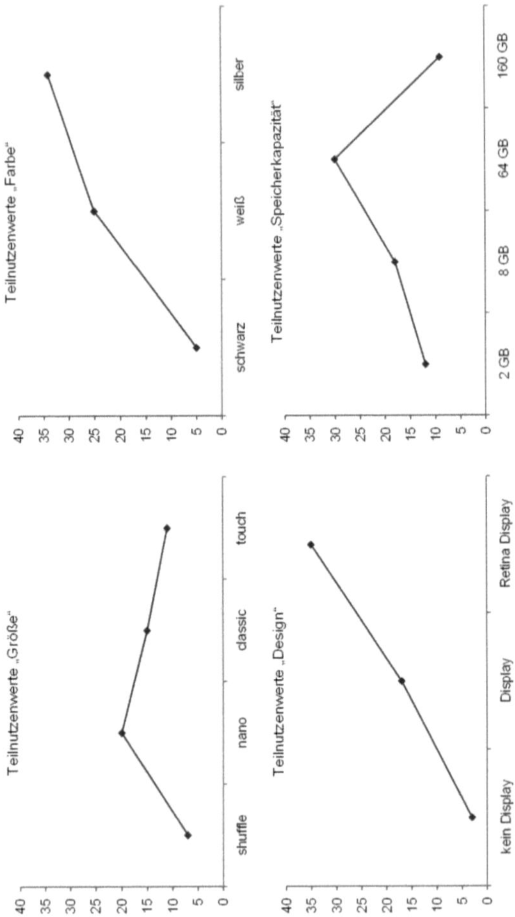

Abbildung 8: Beispielhafte Teilnutzenwerte für einen Probanden

Auf der Basis einer individuellen Auswertung erhält man Daten für jeden einzelnen Befragungsteilnehmer. Die in Abbildung 8 dargestellten Teilnutzenwerte lassen erkennen, welche Nutzenvariationen bestimmte Merkmalsausprägungen mit sich bringen: So wird deutlich, dass für den Probanden die Ausprägung 8 GB einen höheren Nutzen stiftet als die Ausprägung 2 GB und sich ein weiterer Nutzenzuwachs bei einer Erhöhung auf 64 GB ergibt. Demgegenüber führt eine Steigerung der Speicherkapazität auf 160 GB zu keinem Nutzenzuwachs, sondern sogar zu einem deutlichen Nutzenrückgang. Die Teilnutzenwerte für die vier Produktmerkmale Größe, Farbe, Design und Speicherkapazität können nun zur Berechnung des Gesamtnutzenwertes eines Produktprofiles herangezogen werden: Für das Produktprofil iPod touch in schwarz mit Retina Display und einer Speicherkapazität von 64 GB würde sich zum Beispiel ein Wert von 11 + 5 + 35 + 30 = 81 Nutzeneinheiten ergeben.

Die Bedeutung der Produktmerkmale für die Realisierung von Kundennutzen kann nicht direkt anhand der einzelnen Teilnutzenwerte abgelesen werden, da diese nicht normiert und somit inhaltlich bedeutungslos sind. Vielmehr müssen Vergleiche zwischen den einzelnen Ausprägungen eines Merkmals und deren Teilnutzenwerten angestellt werden, um die Wichtigkeit eines Attributes zu bestimmen. Hierzu wird auf die Spanne der Teilnutzenwerte zurückgegriffen, die Auskunft darüber gibt, ob aus der Änderung einer Ausprägung eine Variation des wahrgenommenen Gesamtnutzens resultiert. Eine geringe Spannweite der Teilnutzenwerte weist demnach auf eine geringe Wichtigkeit eines Attributes hin, während eine große Spannweite gegenteilig zu interpretieren ist.[55] Ein

[55] Vergleiche Klein (2002, S. 28).

Beispiel: Für das in und in Tabelle 2 aufgeführte Merkmal Größe des iPods ergibt sich aus der Differenz des maximalen und des minimalen Teilnutzenwertes eine Spannweite von 13, während das Merkmal Design eine Spannweite von 32 aufweist.

Merkmal	**absolute Wichtigkeit**	**relative Wichtigkeit**
Größe	20 – 7 = 13	13 / 95 x 100% = 13,7%
Farbe	34 – 5 = 29	29 / 95 x 100% = 30,5%
Design	35 – 3 = 32	32 / 95 x 100% = 33,7%
Speicherkapazität	30 – 9 = 21	21 / 95 x 100% = 22,1%
Summe	95	100%

Tabelle 2: Absolute und relative Wichtigkeiten der iPod-Merkmale

Um schließlich die relative Bedeutung der Produktmerkmale für eine Präferenzveränderung beim Kunden zu bestimmen, werden die einzelnen Spannweiten durch die über alle Attribute ermittelten Spannweitensummen dividiert.[56] Die Auswertung in Tabelle 2 zeigt, dass für den hier betrachteten Probanden sowohl das Design als auch die Farbe des iPods die wichtigsten Nutzenkomponenten darstellen.

Ein wesentlicher Nachteil der hier vorgestellten traditionellen Conjoint-Analyse ist, dass Befragungsteilnehmer

---

[56] Vergleiche Klein (2002, S. 29).

nur eine überschaubare Anzahl kaufrelevanter Produktmerkmale bewerten können, obgleich die typischerweise für dieses Verfahren geeigneten extensiven Kaufentscheidungssituationen durch eine Vielzahl von Einflussfaktoren gekennzeichnet sind. Um diesen und weitere Mängel der traditionellen Conjoint-Analyse auszugleichen, wurden neue Varianten und Methoden entwickelt wie die Hybride beziehungsweise die Adaptive und die Choice-based Conjoint-Analyse.[57]

Weiterführende Hinweise

Bei der Messung von Produktpräferenzen oder Zahlungsbereitschaften und der Ableitung von Maßnahmen ist zu berücksichtigen, dass diese von zahlreichen Faktoren determiniert werden. Kaufpräferenzen sind zum Beispiel in einem direkten Zusammenhang mit Kontextfaktoren, der Verfügbarkeit von Vergleichsprodukten, der Konfrontation mit Marketingbotschaften und zum Teil aber auch mit irrationalen Einschätzungen, Erwartungen, Emotionen und Abwägungen[58] zu sehen. Insofern sind allzu weitreichende Veränderungsmaßnahmen auf der Basis von Conjoint-Ergebnissen zumindest mit Vorsicht anzugehen. Denn ermittelte Präferenzen und daraus abgeleitete Wichtigkeiten für bestimmte Produktalternativen stehen nicht in einem kausalen Zusammenhang mit tatsächlichen Kaufentscheidungen. Kaufentscheidungen werden vielmehr in Abhängigkeit von ökonomischen, psychologischen und sozialen Einflussfaktoren getroffen, die kaum auf der Basis einer einzelnen Methode konzipiert und analysiert werden können.

---

[57] Vergleiche im Überblick Fantapié Altobelli (2011, S. 342 f) und Klein (2002, S. 35 ff).

[58] Siehe hierzu die verhaltensökonomischen Arbeiten von Ariely (2008, 2011).

3.4 Kundenzufriedenheitsanalyse

- *Problemstellung:* Bestimmung, Gruppierung und Bewertung kundenspezifischer Produktanforderungen und Messung des Einflusses der entsprechenden Anforderungen auf die Kundenzufriedenheit
- *Zielgruppe:* Marketing- und Vertriebsverantwortliche, Marktforscher, Vertriebsmitarbeiter, Key Account Manager
- *Voraussetzungen:* Erfahrung mit qualitativen und quantitativen Erhebungsmethoden und Verfügbarkeit einer repräsentativen Kundengruppe

Zielsetzung der Kundenzufriedenheitsanalyse

Kundenzufriedenheit entsteht in einem mehrstufigen, durch Marketingaktivitäten begleiteten Prozess, der als Erfolgskette[59] bezeichnet wird. Kunden sind vor allem dann zufrieden, wenn ihre Erwartungen erfüllt oder sogar übertroffen werden. Voraussetzung für die Erfüllung der Bedürfnisse und Wünsche der Kunden hinsichtlich der Produkt- oder Dienstleistungsqualität ist die Kenntnis der entsprechenden Erwartungen, die empirisch ermittelt werden können. Geht man davon aus, dass Kundenzufriedenheit die Differenz aus vom Kunden erwarteter und vom Hersteller beziehungsweise Dienstleister erbrachter Leistung ist, wird deutlich, dass eine adäquate Methode zur Kundenzufriedenheitsanalyse – wie in Abbildung 9 dargestellt – bei den Erwartungen starten muss.

---

[59] Siehe Bruhn & Homburg (2010).

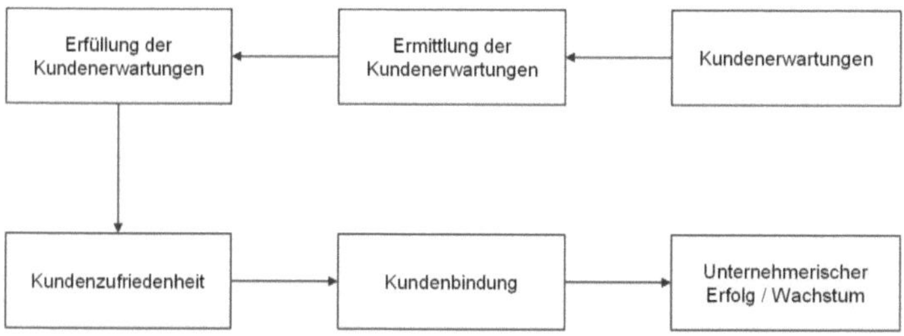

Abbildung 9: Kundenerwartungen, Kundenzufriedenheit und Erfolg[60]

Das Wissen über grundlegende Mechanismen, die das Maß an Zufriedenheit beziehungsweise Unzufriedenheit bei den Kunden bestimmen, schließt die Kenntnis mit ein, dass Erwartungen nicht statisch sind, sondern sich im Zeitverlauf verändern. Ein Service, der Kunden zu einem bestimmten Zeitpunkt begeistert hat, wird in der Folgezeit nicht mehr identische emotionale und kognitive Reaktionen auslösen. Der Kunde hat sich an die Leistung gewöhnt und setzt diese bei weiteren Konsumentscheidungen voraus. Insofern verwundert es, dass zahlreiche Kundenzufriedenheitsbefragungen und die dabei berücksichtigten Kriterien zum Teil über mehrere Jahre unverändert bleiben und somit wohl kaum zu validen empirischen Ergebnissen führen.

60 Vergleiche Beutin (2008, S. 814) und Kordupleski, Rust & Zahorik (1994, S. 70).

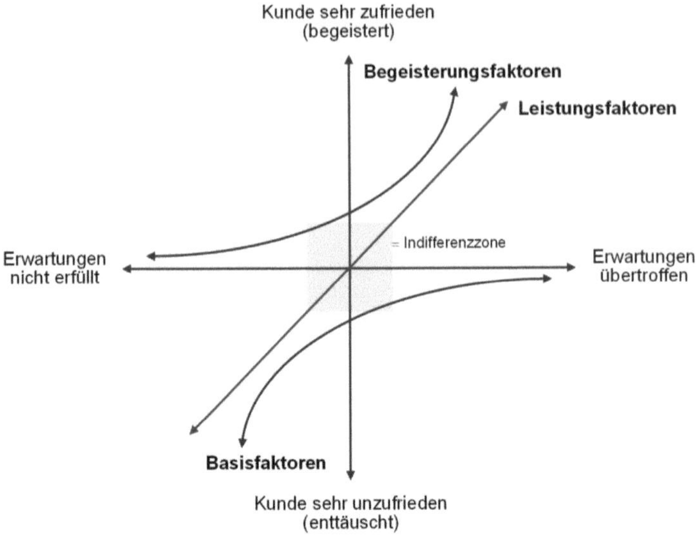

Abbildung 10: Kano-Modell der Kundenzufriedenheit[61]

Einen Ansatz zur Klassifikation der Anforderungen von Kunden an Unternehmen hat Kano[62] vorgelegt, der zwischen Basis-, Leistungs- und Begeisterungsfaktoren unterscheidet. Das Ziel der in Abbildung 10 aufgeführten Kano-Analyse besteht darin, den Einfluss von Produkt- oder Dienstleistungsmerkmalen auf die Kundenzufriedenheit zu ermitteln und hinsichtlich ihrer Bedeutung zu priorisieren. Mit dieser Differenzierung trägt Kano dem Umstand Rechnung, dass erfüllte Erwartungen nicht unmittelbar zu Zufriedenheit führen müssen. Dies ist insbe-

---

[61] Hinterhuber, Handlbauer & Matzler (2003, S. 17).

[62] Siehe Kano (1984) und im Überblick Sauerwein (2000) und Sauerwein, Bailom, Matzler & Hinterhuber (1996).

sondere dann der Fall, wenn es sich um Aspekte handelt, die der Kunde zwingend voraussetzt und als Hygienefaktoren[63] betrachtet. Eine Erfüllung der Kundenanforderung führt hier lediglich zur Nicht-Unzufriedenheit.

Beschreibung der Kundenzufriedenheitsanalyse

Der angenommene Zusammenhang zwischen Kundenerwartungen und Kundenzufriedenheit wird mit Hilfe folgender Unterteilung erklärt:[64] *Basisfaktoren* stellen jene Produkt- oder Dienstleistungsattribute dar, die Unzufriedenheit auslösen, wenn sie nicht den Erwartungen entsprechend erfüllt beziehungsweise wahrgenommen werden. Die Erfüllung dieser Muss-Kriterien trägt hingegen nicht zur erhöhten Zufriedenheit bei, sondern führt lediglich zur Nicht-Unzufriedenheit. Ein aufgeräumtes und sauberes Zimmer oder ein freundlicher Empfang beim Einchecken dürften beispielsweise als Basisfaktoren von Hotelkunden betrachtet werden.

Produkteigenschaften, die sowohl zu Zufriedenheit führen, wenn die Erwartungen des Kunden übertroffen werden, als auch zu Unzufriedenheit, wenn die Erwartungen des Kunden unerfüllt bleiben, bezeichnet Kano als *Leis-*

---

[63] Auf der Basis von Studien zur Arbeitsmotivation entwickelte Herzberg (1968) die Zweifaktorenthorie – auch Motivator-Hygiene-Theorie. Diese postuliert, dass Arbeitszufriedenheit nicht als ein Kontinuum zu betrachten ist, welches von den Extrempolen Unzufriedenheit und Zufriedenheit gerahmt wird. Vielmehr sind Faktoren zu unterscheiden, die lediglich zur Nicht-Unzufriedenheit beitragen – die so genannten Hygienefaktoren –, während andere – die so genannten Motivatoren – Zufriedenheit bedingen können (siehe auch Herzberg, Mausner & Snyderman 1993).

[64] Vergleiche im Überblick Hinterhuber, Handlbauer & Matzler (2003, S. 16 f).

tungsfaktoren. Qualitativ gutes Essen im Hotelrestaurant, schnelle Buchungsabwicklung und die Möglichkeit, Bonuspunkte sammeln zu können, dürften dieser Kategorie zuzurechnen sein.

Die Besonderheit von *Begeisterungsfaktoren* besteht darin, dass deren Nichterfüllung keine Unzufriedenheit auslöst. Gleichwohl stellt das Vorhandensein einen wichtigen Differenzierungsfaktor im Hyperwettbewerb[65] dar, der von den Kunden jedoch nicht antizipiert und artikuliert wird und auch nicht als Ersatz für fehlende Basisfaktoren dienen kann. Begeisterung stellt sich erst bei Eintreten eines nicht erwarteten Services oder einer nicht erwarteten Produkteigenschaft ein und kann aufgrund der kognitiven Nicht-Präsenz im Voraus nur mit einigen methodischen Kniffen empirisch ermittelt werden. Hotelkunden dürften sich zum Beispiel über einen frei verfügbaren Internetzugang auf ihrem Zimmer, einen kostenlosen Gepäcktransport-Service zum Flughafen oder über regelmäßige Upgrades in bessere Zimmerkategorien begeistert zeigen, in denen ihnen Getränke, Obst und weitere spezielle Angebote und Aufmerksamkeiten zur freien Verfügung stehen.

Anwendungsbereich und Anwendungsprozess

Ausgangspunkt der Kano-Analyse sind Informationen zu den Stärken, Schwächen, Problemen und Verbesserungen eines Produktes oder einer Dienstleistung, die für gewöhnlich im Rahmen von teilstandardisierten Interviews bestimmt werden. Auf der Basis der ermittelten kaufentscheidenden Faktoren wird ein Fragebogen konstruiert, der für jede Eigenschaft mindestens eine funktionale und

[65] Siehe D'Aveni (1994) und Trout, Rivkin & Wied (2009).

eine dysfunktionale beziehungsweise eine positiv- und eine negativ-gerichtete Frage enthält.

Ein Beispiel: Kunden können im Rahmen einer systematischen Kundenzufriedenheitsanalyse einer international agierenden Hotelkette in funktionaler beziehungsweise positiver Form mit der Frage konfrontiert werden: „Wenn unser Hotel einen kostenlosen und unbegrenzten Internetzugang für alle Gäste zur Verfügung stellt, wie denken Sie darüber?“ Die Antwort eines Kunden lautet vielleicht: „Das würde mich sehr freuen.“ In dysfunktionaler beziehungsweise negativer Form könnte gefragt werden: „Wenn unser Hotel keinen kostenlosen und unbegrenzten Internetzugang für alle Gäste zur Verfügung stellt, wie denken Sie darüber?“ Angekreuzt wird beispielsweise: „Das könnte ich eventuell in Kauf nehmen.“

Aus der Kombination der Antworten in den Zeilen und Spalten der Auswertungstabelle von Tabelle 3 würde sich ein Eintrag in der Kategorie B ergeben, womit für das Hotelmanagement deutlich wäre, dass das Vorhandensein eines kostenlosen Internetzugangs einen Begeisterungsfaktor darstellt. Fällt die Kombination der Antworten hingegen in die Kategorie L oder G, dann wäre die Eigenschaft ein Leistungs- beziehungsweise ein Grundfaktor[66]. Wenn sich aus der Auswertungstabelle die Kombination I ergibt, bedeutet dies, dass das Merkmal für den Kunden irrelevant ist. Aus der Kategorie E ist zu schließen, dass der Kunde die Eigenschaft nicht wünscht oder sogar das Gegenteil erwartet. Kategorie U steht schließlich für unbrauchbare Ergebnisse, die nur zustande kommen, wenn

---

[66] Der Begriff Grundfaktor wird hier und in den Auswertungs- und Ergebnistabellen synonym mit dem Begriff Basisfaktor verwendet und mit G gekennzeichnet, um die Basisfaktoren eindeutig von den Begeisterungsfaktoren B abzugrenzen.

Fragen missverständlich gestellt wurden.[67]

Gemäß dem beschriebenen und in Tabelle 3 illustrierten Procedere werden alle Antworten auf die funktional und dysfunktional formulierten Fragen in eine Auswertungs- und in eine Ergebnistabelle übertragen. Letztere kann sowohl absolute als auch relative Häufigkeiten enthalten und bietet einen ersten Überblick über die vom Kunden als relevant eingestuften Produkteigenschaften.

1. Fragebogen	
Funktionale Form der Frage	
Wenn unser Hotel **einen** kostenlosen und unbegrenzten Internetzugang für alle Gäste zur Verfügung stellt, wie denken Sie darüber?	☒ Das würde mich sehr freuen. ☐ Das setze ich voraus. ☐ Das ist mir egal. ☐ Das könnte ich eventuell in Kauf nehmen. ☐ Das würde mich sehr stören.
Dysfunktionale Form der Frage	
Wenn unser Hotel **keinen** kostenlosen und unbegrenzten Internetzugang für alle Gäste zur Verfügung stellt, wie denken Sie darüber?	☐ Das würde mich sehr freuen. ☐ Das setze ich voraus. ☐ Das ist mir egal. ☒ Das könnte ich eventuell in Kauf nehmen. ☐ Das würde mich sehr stören.

[67] Siehe im Überblick Bailom, Tschemernjak, Matzler & Hinterhuber (1998), Matzler, Sauerwein & Stark (2009) und Sauerwein, Bailom, Matzler & Hinterhuber (1996).

2. Auswertungstabelle

Produkteigenschaft		*dysfunktional*				
		1	2	3	**4**	5
funktional	**1**	U	B	B	**B**	L
	2	E	I	I	I	G
	3	E	I	I	I	G
	4	E	I	I	I	G
	5	E	E	E	E	U

3. Ergebnistabelle

	Kategorie					
Produkteigenschaft	B	L	G	I	E	U
Internetzugang	**1**					
...						

B = Begeisterungsfaktor, L = Leistungsfaktor, G = Grundfaktor, I = Indifferent, E = Entgegengesetzt, U = Unbrauchbar

Tabelle 3: Das Auswertungsprocedere der Kano-Analyse[68]

In einem nächsten Schritt bestimmt man, welche der als Basis-, Leistungs- und Begeisterungsfaktoren klassifizierten Merkmale die Kundenzufriedenheit am stärksten beeinflussen. Hierbei wird auf ein Zufriedenheits- beziehungsweise Unzufriedenheitsmaß zurückgegriffen, das für alle empirisch ermittelten Erwartungen die Anzahl der

[68] Vergleiche Bailom, Tschemernjak, Matzler & Hinterhuber (1998, S. 54).

Nennungen, differenziert nach Grund- beziehungsweise Basis-, Leistungs-, Begeisterungs- und Indifferenzfaktoren in Beziehung setzt. Der positive Zufriedenheitskoeffizient kann Werte zwischen 0 und 1, der negative von 0 bis –1 annehmen. Zur Berechnung der beiden Koeffizienten werden die in der Ergebnistabelle von Tabelle 3 zusammengestellten absoluten Häufigkeiten und die Formel aus Tabelle 4 verwendet.

Ausmaß der Zufriedenheitsstiftung	**Ausmaß der Unzufriedenheitsstiftung**
(B + L) / (B + L + G + I)	(L + G) / (B + L + G + I) × (–1)
B = Begeisterungsfaktor, L = Leistungsfaktor, G = Grundfaktor, I = Indifferenzfaktor	

Tabelle 4: Das Zufriedenheits- und Unzufriedenheitsmaß[69]

Hat die Frage nach dem kostenlosen Internetzugang im Hotel zum Beispiel ergeben, dass die Antworten von 14 Probanden als B, von 3 Probanden als L und von 2 Probanden als G klassifiziert werden können, errechnen sich folgende Koeffizienten: Der Zufriedenheitswert beträgt rund 0,89, während das Unzufriedenheitsmaß bei etwa –0,26 liegt. Beide Werte dienen der grafischen Darstellung des Faktors kostenloser Internetzugang in Abbildung 11 und bestimmen dessen Bedeutung für die Kundenzufriedenheit im Vergleich zu den weiteren empirisch ermittelten Kriterien.

---

[69] Vergleiche Sauerwein, Bailom, Matzler & Hinterhuber (1996, S. 322).

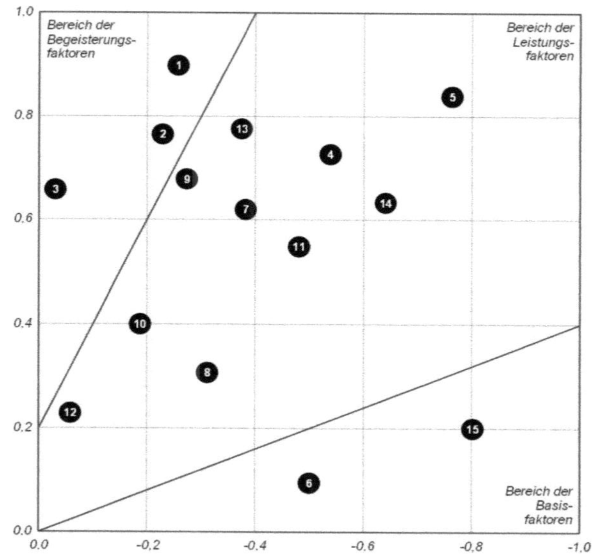

1 = Kostenloser Internetzugang
2 = Gepäcktransport-Service
3 = Kostenlose Minibar-Nutzung
4 = Qualität des Essens
5 = Bonuspunktesystem
6 = Sauberkeit der Zimmer
7 = Preis-/Leistungsverhältnis
8 = Ausstattung des Hotels
9 = Distanz zum Flughafen
10 = Erlebnisangebote
11 = Buchungsabwicklung
12 = Getrennte Frühstücksräume
13 = Wäscherei-Service
14 = Vielfältiges Gastronomieangebot
15 = Freundlichkeit des Personals

Abbildung 11: Beispielhafte Darstellung der Zufriedenheits- und Unzufriedenheitsmaße

Abbildung 11 illustriert an einem selbst gewählten Beispiel, welche Produktmerkmale in welchem Bereich liegen und welchen Einfluss sie auf die Zufriedenheit beziehungsweise Unzufriedenheit der befragten Kunden ausüben. Die Kriterien 1, 2 und 3 stellen Begeisterungsmerkmale dar. Alle anderen Kriterien sind Leistungsanforderungen – mit Ausnahme der Faktoren 6 und 15, die sich als Basisfaktoren erweisen.

Weiterführende Hinweise

Die Kano-Analyse bietet den großen Vorteil, nicht nur typische Kundenzufriedenheitskriterien zu überprüfen, sondern jene Faktoren zu isolieren, die in jedem Fall angeboten beziehungsweise den Erwartungen der Kunden entsprechend erfüllt werden müssen. Damit bietet die Kano-Analyse Anhaltspunkte, an welchen Stellen Unternehmen investieren sollten und an welchen gegebenenfalls Aufwand und Kosten reduziert werden können. Denn Basisfaktoren müssen nur erfüllt, nicht jedoch übererfüllt werden. Entscheidend für den Erfolg von Produkten oder Dienstleistungen und damit für die Generierung von Wachstum ist, inwiefern es in der Praxis gelingt, die identifizierten Faktoren mit Hilfe geeigneter Maßnahmepläne zu institutionalisieren. Zudem ist zu prüfen, ob bestimmte Produktattribute überhaupt angeboten werden können oder sollen. Der Schritt vom Ist-Zustand zum empirisch ermittelten Ideal erfordert klare Ziele und Prioritäten, umgesetzt in einem Veränderungs- beziehungsweise Aktivitätenprogramm. Insofern stellt die Kano-Analyse die notwendige Bedingung, die Implementierung und die Kontrolle der erforderlichen Maßnahmen jedoch die hinreichenden Bedingungen für Kundenzufriedenheit dar.

3.5 Wachstumsstrategien

- *Problemstellung:* Analyse, Planung und Umsetzung von Wachstumsmöglichkeiten auf der Basis von vier generischen Produkt-Markt-Kombinationen
- *Zielgruppe:* Geschäftsführer, Geschäftsbereichsleiter, Marktforscher, Business Development Manager
- *Voraussetzungen:* Beschaffung detaillierter Markt-, Wettbewerbs-, Kunden- und Potenzialinformationen und klare Abgrenzung der zu analysierenden Produkt-Markt-Felder

Zielsetzung der Wachstumsstrategien

Strategien werden in Unternehmen auf unterschiedlichen organisatorischen Ebenen und mit unterschiedlichen Zielsetzungen entwickelt: Strategien auf Unternehmensebene beantworten die Frage, welche Branchen gewählt und mit welcher Stoßrichtung sie bearbeitet werden sollen. Strategien auf Geschäftsbereichsebene rücken mit Blick auf die jeweils in Betracht kommenden Branchen die Identifizierung und Realisierung von Wettbewerbsvorteilen in den Mittelpunkt. Strategien auf Funktionsbereichsebene enthalten schließlich Aussagen darüber, wie Beschaffung, Produktion, Marketing oder Vertrieb die Umsetzung der Unternehmens- und Geschäftsbereichsstrategien unterstützen können. Diese Strategiekaskade von der Unternehmensspitze, über Geschäftsbereiche bis hinunter zu den einzelnen funktionalen Bereichen bildet das Herzstück des strategischen Managements. Sie beginnt in der Regel mit der Branchenwahl und der Entscheidung, ob das Unternehmen auf Wachstum, Stabilisierung oder

Desinvestition ausgerichtet werden soll. In Abhängigkeit von der gewählten Unternehmensstrategie können Geschäftsfelder definiert und Ressourcen allokiert werden.

Befindet sich ein Unternehmen auf Märkten mit abnehmender Attraktivität und geringen Wettbewerbsvorteilen, empfiehlt sich eine Desinvestitionsstrategie in Form eines stufenweisen Rückzugs beziehungsweise einer Liquidation. Ziel kann es aber auch sein, die aktuelle Position durch eine Stabilisierungsstrategie zu halten und zu sichern, um Risiken zu vermeiden und Märkte zu beobachten. Bieten sich beispielsweise Möglichkeiten für eine Offensive, sollte das Unternehmen auf Wachstum ausgerichtet werden, um Absätze, Umsätze oder Marktanteile zu steigern. Vor dem Hintergrund von Chancen und Risiken sind geeignete Produkt-Markt-Kombinationen festzulegen. Dabei kann man auf den klassischen Ansatz von Ansoff zurückgreifen, der ein Schema entwickelt hat, das auch als Produkt-Markt- oder *Ansoff-Matrix* bezeichnet wird.[70] Ziel der Methode ist es, mögliche Wachstumsalternativen aufzuzeigen, die in der Marktdurchdringung, Marktentwicklung, Produktentwicklung oder Diversifikation bestehen. Welche strategische Option im Einzelfall gewählt wird, hängt nicht zuletzt von den Erfahrungen des Unternehmens mit bestimmten Produkten und Märkten, den Anpassungsmöglichkeiten der internen Wertschöpfung sowie den Wettbewerbsbedingungen in der jeweiligen Branche ab.[71]

---

[70] Siehe Ansoff (1988).

[71] Vergleiche Grant & Nippa (2006, S. 44 ff).

Beschreibung der Wachstumsstrategien

Die Ansoff-Matrix ist ein Werkzeug zur Planung von Wachstumsstrategien, die mittels einer Produkt- und einer Marktachse differenziert werden. Wie in Abbildung 12 dargestellt, ergeben sich aus der Betrachtung von aktuellen und neuen Produkten einerseits und aktuellen und neuen Märkten andererseits vier strategische Optionen und damit verknüpfte Handlungsempfehlungen:[72]

	Aktuelle Märkte	Neue Märkte
Aktuelle Produkte	Marktdurchdringung	Marktentwicklung
Neue Produkte	Produktentwicklung	Diversifikation

Abbildung 12: Ansoff-Matrix[73]

Bei der Strategie der *Marktdurchdringung* erfolgt das Wachstum mit bestehenden Produkten auf bisherigen Märkten, indem Absatzmengen beziehungsweise Marktanteile erhöht werden. Hierzu sind Maßnahmen erforderlich, die darauf abzielen, die Nutzung eines Produktes bei bestehenden Kunden zu intensivieren und Neukunden anzusprechen. Durch Produktverbesserungen, die Einführung von Zusatzangeboten oder geänderte Verpackungsgrößen im Sinne eines „10 Prozent mehr zum gleichen Preis“ können Märkte intensiver bearbeitet und bestehende Kundenpotenziale ausgeschöpft werden. Zudem eignen sich Preissenkungen und Preisdifferenzierungen, um Neukunden zu akquirieren beziehungsweise abzuwerben. Im hart umkämpften Telekommunikationsmarkt können

---

72 Vergleiche im Überblick Bea & Haas (2013, S. 174 ff).

73 Modifiziert nach Ansoff (1988, S. 109).

zum Beispiel Sonderangebote für Telefon-Internet-TV-Pakete unterbreitet oder attraktive Flatrates für die so genannten „Digital Natives“[74] eingeführt werden – also für jene Personen, die mit Internet, iPod & Co. aufgewachsen sind und als intensive Mediennutzer gelten. Marktdurchdringung umfasst schließlich auch produkt-, preis-, vertriebs- oder kommunikationspolitische Maßnahmen, die auf bisherige Nichtnutzer gerichtet sind und diese zum Kauf animieren sollen.

Wachstum kann auch durch *Marktentwicklung* erzielt werden, indem man mit bestehenden Produkten neue Märkte erschließt, auf denen lukrative Absatzchancen existieren. Hierbei gilt es, kulturelle Besonderheiten und landestypische Anforderungen sowie Wünsche und Vorstellungen der potenziellen Zielgruppen zu berücksichtigen. Marktentwicklung impliziert jedoch nicht nur die geografische Ausdehnung des Leistungsangebotes im Sinne einer Internationalisierungsstrategie, sondern auch die Bearbeitung neuer Segmente oder Nutzer. So haben sich beispielsweise Hochschulen in den vergangenen Jahren für neue Zielgruppen geöffnet, indem sie Studiengänge für Senioren oder Vorlesungen für Kinder in das Programm genommen haben. Auch in diesen Fällen wäre es wenig erfolgversprechend, traditionelle Produkte oder Dienstleistungen unverändert anzubieten. Vielmehr ist ein gewisses Maß an Produktentwicklung mit Blick auf die jeweiligen Nutzer – hier: Senioren und Kinder – erforderlich, um deren Konsumbedürfnisse zu befriedigen und um diese zu loyalen Kunden zu machen.

Von *Produktentwicklung* im engen Sinne ist die Rede, wenn deutlich modifizierte oder neue Produkte auf bestehenden

---

[74] Prensky (2001, S. 1).

Märkten angeboten werden. Diese Strategie ist typischerweise riskanter und teurer als die Strategien der Marktdurchdringung und Marktentwicklung, da Unternehmen Innovationen planen, konzipieren, testen und realisieren müssen und sich dabei nicht nur mit Blick auf das Projektmanagement, sondern auch in technologischer Hinsicht recht häufig auf unbekanntes Terrain begeben. Die Entwicklung von der Kassette über die Compact Disc zu MP3-Systemen kann als Beispiel für Produktentwicklungen auf vergleichbaren Märkten und für die Schwierigkeiten von Unternehmen dienen, sich neue Technologien anzueignen und diese erfolgreich zu vermarkten. So war beispielsweise Sony mit dem Walkman einst der Star unter den Anbietern tragbarer Musikabspielgeräte. Eine Position, die heute Apple mit den diversen iPods und iPhones einnimmt. Risiken im Management von Innovationen ergeben sich auch mit Blick auf die Faktoren Qualität, Zeit und Kosten. Die Entwicklung neuer Arzneimittel, Flugzeugtypen oder Elektromotoren ist häufig durch Kostensteigerungen, Qualitäts- und Lieferprobleme oder Fehler im Projektmanagement gekennzeichnet, die das wirtschaftliche Ergebnis eines Unternehmens nachhaltig beeinträchtigen können.

Noch schwieriger und komplexer ist die Strategie der *Diversifikation*, da Unternehmen mit neuen Produkten auf unbekannten Märkten Wachstum anstreben. Dabei kann man eine horizontale, eine vertikale und eine laterale Diversifikation unterscheiden: Von *horizontaler Diversifikation* ist die Rede, wenn das Leistungsprogramm um Produkte erweitert wird, die sich auf identischer Wertschöpfungsstufe befinden. Dies ist beispielsweise der Fall, wenn ein Automobilhersteller auch Lastkraftwagen oder Motorräder produziert. *Vertikale Diversifikation* liegt vor, wenn ein Unternehmen Leistungen vor- oder nachgelagerter

Fertigungsstufen in das Angebot aufnimmt – also Rückwärts- oder Vorwärtsintegration betreibt. Von Rückwärtsintegration spricht man, wenn ein Automobilhersteller vorgelagerte Wertschöpfungsstufen zum Beispiel durch die Produktion von Autoreifen übernimmt. Bei der Vorwärtsintegration wird der Automobilhersteller demgegenüber nachgelagerte Wirtschaftsstufen wie Finanz- oder Versicherungsdienstleistungen aufnehmen. Die Erweiterung des Produktionsprogramms um artfremde Produkte bezeichnet man schließlich als *laterale Diversifikation*, mit der – neben dem Streben nach Wachstum – zumeist das Ziel der Risikostreuung verfolgt wird.

So dehnte die heutige Daimler AG in den 1980er- und 1990er-Jahren das Unternehmensportfolio auf die Bereiche Elektronik, Luftfahrt und Dienstleistungen aus, um einen integrierten Technologiekonzern zu schaffen, mit dessen Hilfe man sich von Nachfrageschwankungen im Automobilbereich unabhängiger und damit krisenfester machen wollte. Die Geschichte zeigt jedoch – ohne Berücksichtigung aller denkbaren Ursachen –, dass diese Strategie im vorliegenden Fall in Summe eher zur Wertvernichtung denn zur Wertschaffung geführt hat.

Anwendungsbereich und Anwendungsprozess

Die Ansoff-Matrix liefert als betriebswirtschaftliche Methode konkrete Anhaltspunkte für Wachstumsmöglichkeiten. Dabei ist die Anwendung insofern voraussetzungsreich, als Informationen zu unternehmensinternen Stärken und Schwächen sowie zu unternehmensexternen Chancen und Risiken vorliegen müssen, die in einer SWOT-Analyse gebündelt werden können. Die Vorgehensweise kann man in folgende vier Phasen gliedern:[75]

---

[75] Vergleiche im Überblick Kerth, Asum & Stich (2011, S. 178 ff).

- Analyse der internen und externen Ist-Situation,
- Beschreibung strategischer Wachstumsoptionen,
- Auswahl einer geeigneten Wachstumsstrategie,
- Ableitung konkreter Aktivitäten und Verantwortlichkeiten.

Die Erstellung einer Produkt-Markt-Matrix setzt in einem ersten Schritt die detaillierte Analyse des aktuellen Produkt-Markt-Umfeldes voraus. Die Ist-Situation kann bestimmt werden, indem man Daten zur Unternehmens- und Umweltsituation ermittelt und diese in einer SWOT-Analyse aggregiert. Erst die genaue Kenntnis situativer Faktoren erlaubt es, erfolgversprechende Wachstumsstrategien zu erarbeiten. Insofern sollte man in der unternehmerischen Praxis dieser aufwändigen, aber in vielerlei Hinsicht nutzenstiftenden Phase besondere Beachtung schenken.

In einem zweiten Schritt werden die Wachstumsoptionen beschrieben, indem die Ansoff-Matrix mit individuellen Unternehmensdaten gefüllt wird. Das heißt, die vier generischen Wachstumsstrategien der Marktdurchdringung, Marktentwicklung, Produktentwicklung und Diversifikation werden aus Sicht des betrachteten Unternehmens spezifiziert, um in einem dritten und vierten Schritt festlegen zu können, welche strategische Option unter den gegebenen Bedingungen sinnvoll ist und welche Maßnahmen zur Umsetzung erforderlich wären.

Zur Auswahl einer geeigneten Wachstumsstrategie kann man Punktbewertungsverfahren beziehungsweise Scoring-Modelle nutzen. Dabei werden die einzelnen Ansoff-Strategien vor dem Hintergrund der analysierten Rahmenbedingungen untersucht. Das heißt, die Stärken und Schwächen eines Unternehmens sowie die Chancen und

Risiken werden mit Blick auf ihre jeweilige Bedeutung zunächst gewichtet. Daran anknüpfend werden die vier Ansoff-Strategien anhand der berücksichtigten und gewichteten Merkmale bewertet und eine Gesamtpunktzahl ermittelt. So würde man zum Beispiel bestimmen, ob die Stärken im Forschungs- und Entwicklungsbereich oder bei der Kundenansprache bei der Marktdurchdringung, Marktentwicklung, Produktentwicklung oder der Diversifikation zielgerichteter eingesetzt werden können. Entsprechend würden sich die jeweiligen Punktwerte je Strategie unterscheiden. Die Summe aller Teilpunktwerte bildet schließlich die Grundlage zur Auswahl einer Wachstumsstrategie, für die im letzten Schritt ein Implementierungsplan entwickelt wird, der in ein übergeordnetes Kontroll- und Steuerungssystem[76] integriert werden sollte.

Weiterführende Hinweise

Bei der Ansoff-Matrix handelt es sich um eine einfache und pragmatisch anzuwendende betriebswirtschaftliche Methode, mit deren Hilfe Ideen zur Wachstumsgenerierung entwickelt und entsprechende Handlungsoptionen ausgelotet werden können. Obgleich die Ansoff-Matrix ein seit Jahrzehnten bekanntes und recht häufig genutztes Instrument der Strategieplanung und Strategieumsetzung darstellt, sollen die Nachteile nicht unerwähnt bleiben:

Die Methode rückt absatzorientierte Wachstumsstrategien in den Mittelpunkt, lässt jedoch unbeantwortet, wie

---

[76] Ausführliche Hinweise zu den Themen Strategiekontrolle und Strategiekontrollsysteme, die häufig mit dem Begriff Performance-Messung zusammengefasst werden, finden sich bei Müller-Stewens & Lechner (2011, S. 575 ff) und Welge & Al-Laham (2012, S. 791 ff).

neue Zielmärkte ausgewählt und erschlossen werden können. Auch mit Blick auf die Produktebene versäumt es Ansoff darzulegen, wie man neue Produkte entwickeln und positionieren kann. Unberücksichtigt bleiben unter anderem auch Kunden und Wettbewerber und deren potenzielle Reaktionen auf Strategien wie Marktdurchdringung oder Diversifikation. Das Thema Wachstum wird schließlich sehr einseitig betrachtet, da vor allem eine Umsatzperspektive eingenommen wird. Kostenvorteile durch eine effiziente Wertschöpfung oder entsprechende Beschaffungsstrategien werden nicht thematisiert, obwohl zum Beispiel Global Sourcing ein wichtiger Stellhebel bei der Optimierung der Inputfaktoren und damit der Profitabilität eines Unternehmens ist. Unter Berücksichtigung der Stärken und Schwächen der Produkt-Markt-Matrix kann zusammenfassend festgehalten werden, dass Ansoff generische Leitlinien für Wachstum aufzeigt, diese jedoch mit Hilfe weiterer Methoden detailliert werden müssen, um spezifische Strategien zu entwickeln.

4 Operatives Marketing und Marketing-controlling

4.1 4P des Marketings

- *Problemstellung:* Überprüfung bestehender und Entwicklung neuer Marketingmaßnahmen in den Bereichen Produkt, Preis, Vertrieb und Kommunikation
- *Zielgruppe:* Marketing- und Vertriebsverantwortliche, Produktmanager, Preismanager, Vertriebsmanager, Kommunikationsverantwortliche
- *Voraussetzungen:* Vorliegen einer definierten Unternehmens- und Marketingstrategie und daraus abgeleiteter Marketingziele sowie zusammenhängende Betrachtung und Gestaltung der vier Dimensionen

Zielsetzung der 4P des Marketings

Eine wohl durchdachte Marketingkonzeption befasst sich nicht nur mit den Erwartungen, Präferenzen und Anforderungen der Kunden, sondern auch mit den Wettbewerbern[77] und den unternehmensspezifischen Erfolgsfaktoren. Die im Rahmen der Marktforschung analysierten unternehmensexternen und unternehmensinternen Aspekte dienen als Informationsbasis für Entscheidungen über Marketingziele und Marketingstrategien, die schließlich mit Programmen umgesetzt werden. Dabei kommen Marketinginstrumente zum Einsatz, die der Gestaltung von Märkten beziehungsweise der Einflussnahme auf Märkten dienen. Die inhaltlich, zeitlich und räumlich aufeinander

---

[77] Trout (2004, S. 62) spricht in diesem Zusammenhang von „Marketing als Kriegsführung" und weist darauf hin, dass viele Unternehmen die Kundenorientierung überbetonen und gleichzeitig den Blick auf die Konkurrenz vernachlässigen.

abzustimmenden Instrumente werden im Rahmen des Konsumgütermarketings in vier Bereiche – in die so genannten 4P – eingeteilt.[78] Diese bilden die Hauptelemente des Marketingmix, mit dessen Hilfe ein attraktives Angebot für aktuelle oder potenzielle Kunden erstellt wird. Die vier Instrumente des Marketingmix sind *Product*, *Price*, *Place* und *Promotion*, die im deutschsprachigen Kontext als Produkt-, Preis-, Vertriebs- und Kommunikationspolitik bezeichnet werden.[79]

Neben diesen 4P sind in den vergangenen Jahren weitere Instrumente entstanden, die vor allem im Dienstleistungsmarketing eine wichtige Rolle spielen. Insofern wird im Dienstleistungsbereich recht häufig eine Erweiterung des Marketingmix um folgende Komponenten vorgenommen: *People*, *Processes* und *Physical Facilities*, die auch mit den Begriffen Personalpolitik, Prozesspolitik und Ausstattungspolitik gekennzeichnet werden. Mit dem 7P-Ansatz wird den konstitutiven Merkmalen von Dienstleistungen Rechnung getragen wie der Immaterialität und Nichtlagerfähigkeit sowie der Kundenbeteiligung bei der Dienstleistungserstellung.[80]

Im Sinne einer betriebswirtschaftlichen Methode dienen die im Folgenden näher beschriebenen 4P des Marketings zur Überprüfung bestehender und zur Konzipierung

---

[78] Der entsprechende Systematisierungsvorschlag geht auf McCarthy (1960) zurück. Siehe aktuell zum Beispiel Becker (2009), Bruhn (2010), Homburg (2012a, 2012b), Kotler, Keller & Bliemel (2008), Meffert, Burmann & Kirchgeorg (2012) und Sander (2011).

[79] Vergleiche Meffert, Burmann & Kirchgeorg (2012, S. 22).

[80] Vergleiche Meffert & Bruhn (2009, S. 243 f) und Pepels (2012, S. 1151 ff).

neuer Marketingmaßnahmen – insbesondere mit Blick auf die Faktoren Vollständigkeit, Konsistenz und inhaltliche Stimmigkeit.[81]

Beschreibung der 4P des Marketings

Das zentrale Element des Marketingmix ist das Produkt, also das konkrete, materielle oder immaterielle Angebot eines Unternehmens auf dem Markt. Die *Produktpolitik* umfasst alle Maßnahmen, die dem Aufbau, der Erhaltung und der Veränderung des Produktangebotes dienen. Insofern sind produktpolitische Entscheidungen in den Bereichen Produktinnovation, Produktvariation, Produktdifferenzierung und Produkteliminierung sowie mit Blick auf das Management von Marken zu treffen. Für die Existenz und die erfolgreiche Entwicklung eines Unternehmens ist die kunden- und konkurrenzorientierte Zusammensetzung des Angebotsprogramms von großer Wichtigkeit. Zudem haben sich die anderen Teilbereiche des Marketingmix an den im Absatzmarkt angebotenen Leistungen des Unternehmens zu orientieren. Preis-, Vertriebs- oder Kommunikationsentscheidungen sind nicht isoliert, sondern auf der Basis der mit dem Produkt verbundenen Nutzenversprechen und mit Blick auf die Erklärungsbedürftigkeit oder die Emotionalisierbarkeit des Produktes zu treffen.[82] Demnach erscheint es berechtigt, „die Produktpolitik als das Herz des Marketings zu bezeichnen“[83].

Im Mittelpunkt der *Preispolitik* stehen Entscheidungen, die das zu entrichtende Entgelt für ein Produkt und mögliche

---

[81] Vergleiche Schawel & Billing (2011, S. 218).

[82] Vergleiche Homburg (2012a, S. 539 ff).

[83] Froböse & Kaapke (2000, S. 171).

Preisdifferenzierungen sowie Rabatte und Kredite umfassen. Grundsätzlich stellt der Preis ein vom Kunden zu erbringendes Opfer dar, das in Relation zur Produktleistung beziehungsweise dem damit verbundenen Nutzen gesetzt wird. Insofern ist der Preis eines Produktes nicht der einzige kaufentscheidende Faktor, sondern nur ein Element im Rahmen von Kosten-Nutzen-Vergleichen des Kunden.[84] Das Preismanagement ist eine vielfach vernachlässigte, aber zunehmend wichtiger werdende Kompetenz eines Unternehmens, da Preise mit Blick auf die Profitabilität einen bedeutsamen Stellhebel darstellen.[85] Letzteres trifft auch für Kosten zu. Die Unternehmenspraxis zeigt jedoch, dass Kosten über verschiedene Maßnahmen in den vergangenen Jahren – zum Teil mit Hilfe von Unternehmensberatern – optimiert wurden, während bei der Bestimmung und Festsetzung von Preisen häufig noch antiquierte Verfahren zum Einsatz kommen und potenzielle Margen verschenkt werden.

Ziel der *Vertriebspolitik* ist es, die Produkte eines Unternehmens im Markt, das heißt, am Ort und zum Zeitpunkt der Nachfrage, in der gewünschten Qualität und Menge zu angemessenen Konditionen verfügbar zu machen. Um dies zu gewährleisten, müssen zahlreiche Entscheidungen getroffen werden wie die Wahl der Vertriebskanäle und Vertriebspartner oder die Gestaltung der Marketinglogistik. Letzteres wird auch als physische Distribution bezeichnet und bezieht sich auf den Transfer der Güter vom Produzenten zum Konsumenten.[86] Im Unterschied zu

---

[84] Vergleiche Kirsch & Müllerschön (2009, S. 155).

[85] Vergleiche Rathnow (2010, S. 201).

[86] Vergleiche Homburg (2012a, S. 540) und Kirsch & Müllerschön (2009, S. 162).

preispolitischen Entscheidungen können vertriebspolitische Maßnahmen in der Regel nicht kurzfristig geändert werden, da die Beziehungen zu Vertriebspartnern und so genannten Key Accounts häufig strategischer Natur sind.

Nachdem die Produkte konzipiert und produziert, Preise festgelegt und Vertriebsaktivitäten definiert wurden, kommt es nun darauf an, die Vorzüge der eigenen Leistung aktuellen und potenziellen Abnehmern bekannt zu machen. Dies geschieht im Rahmen der vierten Komponente des Marketingmix – der *Kommunikationspolitik*. Die auf den Markt gerichteten Botschaften sollen jedoch nicht nur informieren, sondern auch den Kaufprozess und die damit verbundenen Werte, Einstellungen und Präferenzen der Kunden zielgerichtet beeinflussen. Hierzu wird auf traditionelle Instrumente wie Werbung, Verkaufsförderung oder Öffentlichkeitsarbeit, aber auch auf neuere Formen wie Sponsoring, Product Placement oder Direktmarketing zurückgegriffen.[87] Die beschriebenen Elemente des Marketingmix sind in Abbildung 13 überblicksartig dargestellt und werden im Folgenden näher spezifiziert.

---

[87] Vergleiche Bruhn (2013a) und Schweiger & Schrattenecker (2009, S. 115 ff).

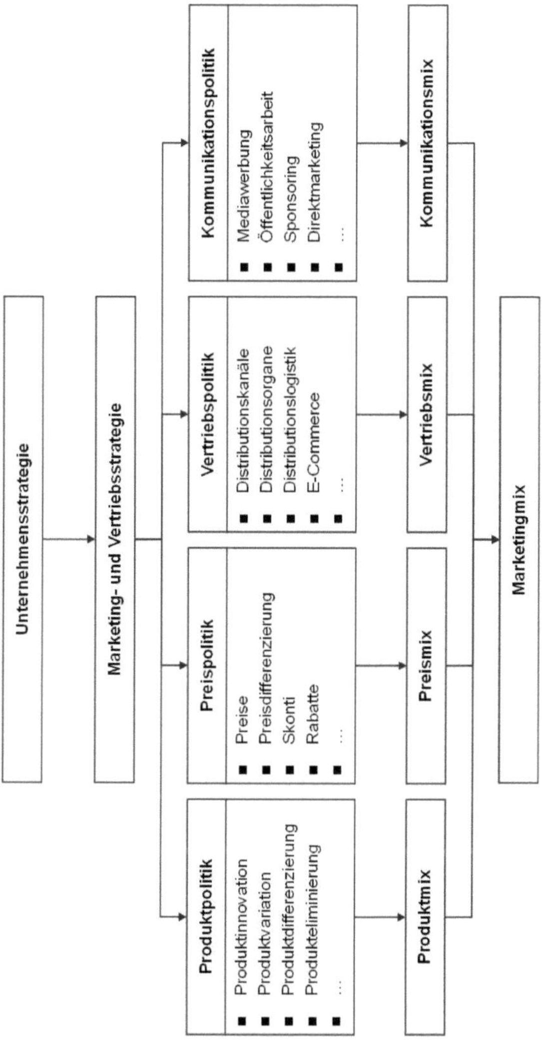

Abbildung 13: Das marketingpolitische Instrumentarium

Anwendungsbereich und Anwendungsprozess

Die operative Marketinggestaltung und Marketingumsetzung erfolgt im Anschluss an die strategische Unternehmens- und Marketingplanung und die daraus abgeleiteten Marketingziele. Orientiert an diesen Zielen und den Bedürfnissen der Kunden wird das Angebot im Rahmen der Produktpolitik gestaltet. Dabei sind zunächst Fragen nach der Marktpräsenz zu klären: Sollen neue Produkte entwickelt und in den Markt eingeführt werden, oder besteht die Notwendigkeit, etablierte Produkte zu variieren und zu differenzieren oder aufgrund rückläufiger oder negativer Deckungsbeiträge aus dem Produktprogramm zu eliminieren? Sofern eine Neuproduktentwicklung und Neuprodukteinführung geplant ist, kann auf etablierte Methoden des Innovationsmanagements zurückgegriffen werden. Zur Generierung von Ideen liegen eine Reihe von Kreativitätstechniken wie Brainstorming oder Brainwriting vor, während sich für eine Konkretisierung von Produktideen zum Beispiel die Conjoint-Analyse eignet. Steht im Mittelpunkt der Überlegungen zur Marktpräsenz die Anpassung des Angebotes, um beispielsweise mehr Kundennutzen zu stiften, kann zwischen Produktvariation, Produktdifferenzierung und Produkteliminierung unterschieden werden. Dabei werden entweder auf dem Markt etablierte Produkte unter Beibehaltung der Grundfunktionen verändert oder um verschiedene Ausführungsvarianten ergänzt. Im Gegensatz zur Produktvariation und Produktdifferenzierung werden bei der Produkteliminierung Produkte aus dem Markt genommen, die sich zum Beispiel am Ende des Produktlebenszyklus befinden oder sich als Flop erwiesen haben. Im Anschluss an die Entscheidungen zur Marktpräsenz ist zu bestimmen, wie die Produktgestaltung erfolgen soll. Diese umfasst insbesondere die Aspekte Qualität, Design, Verpackung und Markierung. Letztere zielt als Maßnahme der Markenpolitik darauf, durch die Verwendung von Wort- oder Bildmarken das Produkt unverwechselbar zu machen. Zudem ist bei der Produktgestaltung zu berücksichtigen, welchen Kernnutzen das Produkt bietet und wie dieser durch Zusatzeigenschaften aufgeladen werden kann, um ein Alleinstellungsmerkmal beziehungsweise eine *Unique Selling Proposition* – häufig mit USP abgekürzt – aufzubauen.[88]

In Abstimmung mit den produktpolitischen Entscheidungen erfolgen die Preisfindung und die Gestaltung des Rabatt- und Bonussystems. Grundsätzlich sind die Marktform und die Marktbedingungen, die in einer Volkswirtschaft vorherrschen, maßgebend für die Preisbildung. Zudem ist die Wahl der Preisstrategie nicht autonom, sondern in Abhängigkeit von der Positionierung des entsprechenden Produktes zu treffen. Eine Promotionspreispolitik wird man für Massen- oder Standardprodukte verfolgen, die prinzipiell austauschbar sind und bei deren Kauf ein niedriger Preis der entscheidende Faktor ist. Bei der Wahl dieser Strategie besteht die Gefahr, dass Qualitätsirradiationen auftreten. Das heißt, der Käufer wird auf der Grundlage eines niedrigen Preises auf eine gleichermaßen niedrige Qualität schließen.[89] Insofern ist sicherzustellen, dass die Qualität der Produkte überprüfbar ist beziehungsweise mit Hilfe von Zertifikaten und Gütesiegeln bestätigt wird. Für Produkte mit einem überdurchschnittlichen Image und Qualitätsniveau kann eine Prämienpreispolitik gewählt werden, die durch dauerhaft hohe Preise gekennzeichnet ist. Dabei ist zu berücksichtigen, dass der gesamte Marketingmix auf die Hochpreisstrate-

---

[88] Vergleiche Homburg (2012a, S. 544 ff).

[89] Zu Irradiationseffekten siehe Wiswede (2012, S. 287).

gie abgestimmt werden muss, um Kunden ein kohärentes Bild zu vermitteln. Dies geschieht beispielsweise durch spezielle Werbeaktivitäten und Vertriebsmaßnahmen oder einen exklusiven Service. Weitere preisstrategische Alternativen beziehen sich auf die Frage, wie die Preise im Zeitablauf angepasst werden. Hierbei wird zwischen einer Abschöpfungs- beziehungsweise Skimmingstrategie und einer Durchsetzungs- beziehungsweise Penetrationsstrategie unterschieden. Das Skimming ist durch einen hohen Markteinführungspreis gekennzeichnet, um einen möglichst großen Teil der Konsumentenrente abzuschöpfen, bevor die Preise gesenkt und weitere Kundengruppen erschlossen werden. Demgegenüber wird mit der Penetrationsstrategie das Ziel verfolgt, Märkte mit zunächst niedrigen Preisen zu adressieren, um Marktanteile zu gewinnen. Neben diesen Preisabfolgestrategien und den oben skizzierten Preispositionierungsstrategien können noch Preisdifferenzierungsstrategien unterschieden werden. So ist beispielsweise festzulegen, ob Preise in Abhängigkeit vom Verkaufsort und Verkaufszeitpunkt oder mit Blick auf demografische Aspekte variieren sollen. Im Rahmen dieser Überlegungen steht ebenfalls das Kalkül im Mittelpunkt, unterschiedliche Zahlungsbereitschaften auszunutzen und möglichst maximale Gewinnpotenziale abzuschöpfen.[90]

Zur Bestimmung des optimalen Vertriebsmix ist zunächst die Frage zu klären, ob unternehmensinterne oder unternehmensexterne Organe den Vertrieb übernehmen sollen. Unternehmensinterne Vertriebsorgane sind der aus eigenen Mitarbeitern bestehende Außen- und Innendienst, während unternehmensexterne Vertriebsorgane Vertragshändler und Franchisepartner oder Absatzhelfer

[90] Vergleiche Homburg (2012a, S. 650 ff).

und Absatzmittler sein können. Die Entscheidung für einen direkten oder indirekten Absatzweg ist an verschiedene Voraussetzungen der jeweiligen Branche und der berücksichtigen Produkte gekoppelt. Gleichwohl kann festgehalten werden, dass Industriegüter typischerweise direkt und Konsumgüter zumeist indirekt vertrieben werden.[91] Neben der Festlegung der Vertriebsorgane und Vertriebswege ist zu entscheiden, ob, inwieweit und in welchen Bereichen mit Vertriebspartnern kooperiert werden soll. Schließlich ist die Vertriebs- beziehungsweise Marketinglogistik zu definieren, in deren Mittelpunkt Fragen der Absatzlagergestaltung und des Transportes stehen. Die entsprechenden Entscheidungen sind insofern von großer Relevanz, als sie die Liefer- und Servicebereitschaft eines Unternehmens maßgeblich bestimmen.[92]

In Zeiten gesättigter Märkte und zunehmend homogener Produkte kommt den kommunikationspolitischen Maßnahmen eine immer größere Bedeutung zu. Die gestiegene Relevanz ist unter anderem ablesbar an den Werbeinvestitionen und den Daten zur Werbedynamik.[93] Mit Fragen der Mittelbereitstellung startet auch der kommunikationspolitische Planungsprozess, nachdem die entsprechenden Ziele und Zielgruppen definiert wurden. Daran anknüpfend wird der Kommunikationsauftritt gestaltet, der Kunden nicht nur aktivieren und interessieren, sondern zum Kauf animieren soll. Hierzu liegen zahlreiche Instrumente vor, die mit Blick auf die jeweils verfolg-

---

[91] Zu den Besonderheiten des Industriegütermarketing siehe Kuhn & Zajontz (2011).

[92] Vergleiche Homburg (2012a, S. 848 ff) und Homburg, Schäfer & Schneider (2010, S. 49 ff).

[93] Siehe im Detail Zentralverband der deutschen Werbewirtschaft (2011).

ten Ziele auszuwählen sind und eine effiziente Ansprache der Zielgruppe ohne signifikante Streuverluste gestatten sollen. Schließlich sind Kennzahlen zur Erfolgsmessung der geplanten Maßnahmen zu entwickeln, um nach erfolgreicher Umsetzung die eingetretenen Effekte bestimmen zu können. Eine zielgerichtete Evaluation kann in Zeiten knapper Budgets wichtige Hinweise liefern, wie die Mittel mit dem größtmöglichen Nutzen eingesetzt werden können.[94]

Weiterführende Hinweise

Ob ein gewählter Marketingmix zum Erfolg führt oder nicht, entscheiden die Kunden und deren Wahrnehmung der Chancen und Risiken, die mit einem Produkt oder einer Dienstleistung verbunden sind. Insofern sollten sich Unternehmen als kundenschaffende und Kundenwünsche befriedigende Organisationen betrachten und nicht als Hersteller von Produkten. Zudem erscheint es erforderlich, die getroffenen Marketingentscheidungen in regelmäßigen Abständen durch Ergebniskontrollen hinsichtlich Sinnhaftigkeit und Zielführung zu prüfen, um bei Soll-Ist-Abweichungen neue Strategien festzulegen und verbesserte Maßnahmen zu ergreifen. Nur so können Unternehmen dauerhaft am Markt erfolgreich agieren.

---

[94] Vergleiche Homburg (2012a, S. 746 ff) und im Überblick Bruhn (2013a).

4.2 Lösungsorientiertes Verkaufen: OPAL-Methode

- *Problemstellung:* Kunden- und lösungsorientiertes Gestalten von Verkaufsgesprächen durch Identifikation kundenspezifischer Probleme, Wünsche und Nutzenerwartungen
- *Zielgruppe:* Vertriebsleiter, Vertriebsmitarbeiter, Außendienstmitarbeiter, Key Account Manager, Business Development Manager
- *Voraussetzungen:* Grundkenntnisse in professioneller Gesprächsführung

Zielsetzung der OPAL-Methode

Produkte und Dienstleistungen müssen nicht nur konzipiert und an den Bedürfnissen und Wünschen von Kunden ausgerichtet, sondern auch verkauft werden. Verkaufen heißt in der Praxis vielfach, aktuellen oder potenziellen Kunden das Produktportfolio eines Anbieters durch Vertriebsmitarbeiter vorzustellen und darauf zu hoffen, dass dieses Interesse weckt und die Kunden zum Kauf veranlasst. Insofern werden Kunden in Verkaufsgesprächen teilweise mit für sie irrelevanten Informationen konfrontiert, da es Verkäufer versäumen, Fragen zu stellen anstatt Produktkataloge zu illustrieren oder Powerpoint-Folien durchzuklicken. Erfahrungen aus der Vertriebspraxis belegen, dass selbst langjährige Außendienstmitarbeiter oder Key Account Manager mehr Aussagen treffen als Fragen stellen und damit einer Produkt- gegenüber einer Kundenorientierung den Vorzug geben. Gleichwohl sollte es das Ziel sein, das Gespräch durch Fragen zu führen und an Kundencharakteristika und Kundenproblemen auszurichten, um auf diese Weise alle für den Verkaufserfolg wesentlichen Informationen zu sammeln. Dies ist insofern bedeutsam, als Kunden – vor allem im Business-to-Business-Bereich – nicht nur auf sie zugeschnittene Produkte und Dienstleistungen, sondern auch eine individualisierte Ansprache im Akquisitions- beziehungsweise Verkaufsgespräch erwarten.

Der Mangel an Kundenorientierung und Kenntnissen über mögliche Probleme und Nutzenerwartungen der potenziellen Nachfrager kann durch zielgerichtete Frage- und Gesprächsführungsmethoden ausgeglichen werden. Ziel der im Folgenden skizzierten OPAL-Methode ist es, das Verkaufsgespräch kundenorientiert zu gestalten, indem auf der Basis von Orientierungs-, Problem- und Auswirkungsfragen mögliche Lösungen in den Mittelpunkt gerückt werden.

Beschreibung der OPAL-Methode

Kunden wollen in der Regel keine Produkte, sondern Lösungen erwerben. Insofern sollten Verkaufsgespräche zunächst Probleme aufdecken und Bedürfnisse wecken, bevor Produkte beziehungsweise Lösungen vorgestellt werden. Hierzu bietet sich eine von Rackham entwickelte Methode an, in deren Mittelpunkt so genannte SPIN-Fragen stehen, die im Verlauf des Verkaufsprozesses abgearbeitet werden. Das Akronym SPIN steht für *Situation questions*, *Problem questions*, *Implication questions* und *Need payoff questions*.[95] Im deutschsprachigen Kontext ist nicht von SPIN, sondern von OPAL die Rede. Die einzelnen Buchstaben verweisen auf

[95] Siehe Rackham (1988).

- O Orientierungsfragen,
- P Problemfragen,
- A Auswirkungsfragen,
- L Lösungsfragen.

Diese vier Fragetypen werden angewendet, um Kunden durch einen systematischen und sequenziellen Reflexionsprozess zu leiten, an dessen Ende im Idealfall ein Verkaufserfolg steht.[96]

Ein lösungsorientiertes Verkaufsgespräch eines IT-Dienstleisters beginnt mit *Orientierungsfragen*, die sowohl zur Kontaktanbahnung gestellt werden, als auch um Informationen über die aktuelle Situation des Kunden und das entsprechende Unternehmen zu erhalten. Fragen wie „Welche Software haben Sie im Einsatz?", „Nutzen Sie elektronische Bestellplattformen?" oder „Welche Wachstumsziele verfolgen Sie in Ihrem Bereich?" geben dem Verkäufer erste Anhaltspunkte über mögliche Bedarfe des Kunden. Die entsprechenden Antworten bilden die Grundlage für weiterführende *Problemfragen*, die darauf abzielen, Schwierigkeiten oder Unzufriedenheiten des Kunden und implizite Bedürfnisse aufzudecken. Beispiele für Problemfragen sind: „Bietet Ihnen die Software alle erforderlichen Anwendungen?", „Laufen die Programme stabil?" oder „Wie zufrieden sind Sie mit dem Service Ihres IT-Dienstleisters?"

Vor dem Hintergrund der gegebenen Antworten begehen Verkäufer häufig den Fehler, Fragen zu den Konsequenzen der beschriebenen Probleme zu überspringen und umgehend Lösungen für den vermeintlichen oder tatsächlich artikulierten Bedarf anzubieten. Dabei übersehen sie,

---

[96] Vergleiche im Überblick Rentzsch (2008, S. 106 f).

dass es sinnvoller und erfolgversprechender ist, Kunden zunächst die Tragweite von Problemen für das Unternehmen oder einen funktionalen Bereich selbst erkennen zu lassen und Bedürfnisse durch zielgerichtete Fragen zu verstärken. Insofern sollten nach der Aufdeckung von Problemen *Auswirkungsfragen* gestellt werden, die Informationen über mögliche Folgen von Kundenproblemen geben. So könnte beispielsweise gefragt werden: „Welche Kosten verursacht der Ausfall von Programmen?", „Führen lange Anfahrtszeiten des Kundendienstes zum Ausfall von Maschinen und damit zu Produktionsengpässen?" und „Was würde passieren, wenn diese Probleme nicht gelöst werden?"

Während Auswirkungsfragen dem Kunden helfen, Probleme präzise zu erfassen, zu durchdringen und deren Ernsthaftigkeit bewusst zu machen, rücken *Lösungsfragen* die Bedeutung und den Nutzen einer Lösung in den Mittelpunkt. „Würde eine andere Software stabiler laufen?" oder „Könnte ein neuer IT-Dienstleister aktuelle Engpässe beseitigen?" Die entsprechenden Antworten liefern Hinweise, inwiefern der Kunde offen für Änderungen ist und in welcher Form Angebote unterbereitet werden können. Zudem bietet diese Art der Gesprächsführung den großen Vorteil, dass der Kunde – durch Fragen geleitet – mögliche Lösungen und deren Nutzen selbst entwickelt und diese daher positiver bewertet, als wenn sie durch einen Verkäufer oder Berater präsentiert worden wären. Auch dieser psychologisch begründbare Umstand spricht für die beschriebene Frage- und Gesprächsmethode und gegen einen produktorientierten Verkaufsansatz, der Kunden bevormundet und diese nicht als Teil eines interdependenten Prozesses betrachtet.

Anwendungsbereich und Anwendungsprozess

Kunden kaufen nur, wenn sie mit Problemen konfrontiert werden, deren Lösung ökonomischen, sozialen oder psychischen Nutzen stiftet. Insofern sind im Rahmen eines Verkaufsgespräches Probleme und mögliche Nutzendimensionen zu identifizieren und Lösungsvorschläge zu erarbeiten. Der eigentliche OPAL-Prozess beginnt jedoch schon vor dem Akquisitionsgespräch, indem Informationen über den Zielkunden zusammengestellt werden. Die einzelnen Prozessschritte lauten demnach wie folgt:[97]

- Informationen über den Zielkunden sammeln,
- Orientierung über die Situation des Kunden verschaffen,
- Probleme des Kunden aufdecken und Problembewusstsein schärfen,
- Auswirkungen der Probleme bewusst machen und Bedürfnisse verstärken,
- Lösungen beziehungsweise Produkte anbieten.

Ein Beispiel: Ein international tätiger Kaffeeproduzent verwendet in seiner in Deutschland ansässigen Kaffeerösterei Maschinen, mit deren Hilfe Kaffeebohnen vor der Röstung von Unreinheiten und Fremdkörpern befreit werden. Ein Anbieter dieser Geräte beziehungsweise Anlagen möchte mit dem Produktionsleiter des Kaffeeunternehmens ins Gespräch kommen, um mögliche Verkaufsoptionen auszuloten. In einem ersten Schritt wird sich der Verkäufer einen Überblick über das Unternehmen verschaffen, indem er alle relevanten und verfügbaren Informationen sammelt und verdichtet, um das Gespräch optimal vorzubereiten. Darauf aufbauend wird er eine Gesprächsstrategie entwickeln und versuchen, mögliche

[97] Vergleiche im Überblick Rentzsch (2008, S. 98 ff).

Kundenprobleme, Auswirkungen und Nutzenerwartungen zu antizipieren. Zudem wird sich der Verkäufer geeignete Orientierungsfragen notieren, um das Gespräch beispielsweise wie folgt zu beginnen:

- Verkäufer: Welche Mengen Kaffeebohnen werden an diesem Standort pro Tag gereinigt und verarbeitet?
- Produktionsleiter: Unsere Reinigungsanlagen verarbeiten pro Tag etwa 20 Tonnen Rohkaffee.
- Verkäufer: Welche Maschinen setzen Sie für die Reinigung ein?
- Produktionsleiter: Wir haben uns vor einigen Jahren für einen asiatischen Hersteller entschieden.
- Verkäufer: Wie erfolgen die Qualitätskontrollen?
- Produktionsleiter: Im Anschluss an den Reinigungsprozess werden alle Kaffeebohnen über optische Sensoren kontrolliert und gegebenenfalls weitere Fremdkörper aussortiert, bevor die Bohnen für den eigentlichen Röstvorgang vorbereitet werden.

In einem nächsten Schritt sollte der Verkäufer versuchen, Kundenprobleme und damit verbundene Lösungsbedürfnisse zu identifizieren. Folgende Problemfragen könnten gestellt werden:

- Verkäufer: Was passiert, wenn die Qualität nicht in Ordnung ist?
- Produktionsleiter: Dann muss der Reinigungsprozess wiederholt werden oder die Ausschussmenge erhöht sich.
- Verkäufer: Wie viel Ausschuss produzieren Sie denn pro Tag?
- Produktionsleiter: Ich kann Ihnen keine exakte Zahl nennen. Aber es entstehen schon erhebliche Kosten.

Der Verkäufer ist nun an einem Punkt angelangt, an dem

er ein mögliches Problem – eine gegebenenfalls zu hohe Ausschussmenge – weiter vertiefen kann. Zudem sollte er in Erfahrung bringen, wie bedeutsam das Problem ist und ob daraus ein Kaufbedürfnis resultiert. Durch Auswirkungsfragen kann es dem Verkäufer gelingen, entsprechende Antworten zu provozieren und zu ermitteln, ob ein Bedürfnis existiert, wie groß dieses ist und ob der Nutzen einer neuen Maschine in den Augen des Produktionsleiters die damit verbundenen Kosten übersteigt. Damit würde die Möglichkeit für den Verkauf seines Produktes geschaffen. Der Verkäufer fragt weiter:

- Verkäufer: Haben Sie durch den Ausschuss Probleme, Ihre Produktions- und Qualitätsziele zu erreichen?
- Produktionsleiter: Bislang konnte ich diese immer erreichen, aber um unsere aggressiven Wachstumsziele zu realisieren, müssen wir uns hier verbessern.
- Verkäufer: Würde es Ihnen helfen, wenn Sie eine Anlage zur Verfügung hätten, die den Reinigungsprozess deutlich zuverlässiger gestaltet?
- Produktionsleiter: Damit wäre mir sicherlich geholfen.

Die Reaktionen des Produktionsleiters lassen vermuten, dass der Verkäufer auf einem guten Weg ist, für seine Maschine einen neuen Kunden zu akquirieren. Die beispielhafte Antwort auf die Lösungsfrage „Würde es Ihnen helfen, wenn Sie eine Anlage zur Verfügung hätten, die den Reinigungsprozess deutlich zuverlässiger gestaltet?“ zeigt, dass der Produktionsleiter den Nutzen einer neuen Anlage erkennt und offen für eine weiterführende Diskussion ist. Die nächste Phase des Gespräches sollte der Verkäufer durch weitere Fragen steuern und versuchen, die Bedürfnislücke – also die Differenz zwischen Ist-Zustand und gewünschtem Ideal – dem Kunden noch bewusster zu machen und gegebenenfalls zu vergrößern. Sobald der

Produktionsleiter sein Bedürfnis explizit macht, kann der Verkäufer seine Lösung anbieten, die Vorzüge des Produktes herausstellen und den Kunden überzeugen, dass ein Kauf sinnvoll ist.

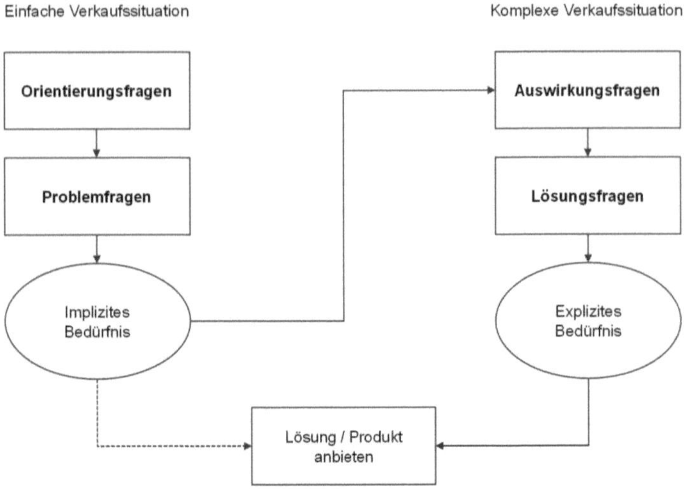

Abbildung 14: Die OPAL-Methode in einfachen und in komplexen Verkaufssituationen[98]

Die skizzierte OPAL-Methode eignet sich sowohl in einfachen als auch in komplexen Verkaufssituationen. Der Unterschied besteht darin, dass in einfachen Verkaufssituationen – zum Beispiel beim Kauf neuer Joggingschuhe – eine Lösung bereits angeboten werden kann, wenn der Kunde ein Bedürfnis andeutet. Demgegenüber kommt in komplexen Verkaufssituationen den Auswirkungs- und

---

[98] Modifiziert nach Rentzsch (2008, S. 110).

Lösungsfragen eine größere Bedeutung zu, da beispielsweise beim Kauf eines neuen Maschinenparks das explizit formulierte Bedürfnis vor der Produktdarbietung abgewartet werden sollte. Die Unterschiede der beiden Verkaufssituationen illustriert Abbildung 14.

Weiterführende Hinweise

Kunden wollen zu einem Kauf nicht gedrängt, überredet oder verleitet werden, sondern Lösungen für ihre Probleme erhalten. Letztere sind Kunden teilweise nicht oder nicht in ihrer vollen Tragweite bewusst. Daher empfiehlt es sich, Kunden durch gezielte Fragen selbst erkennen zu lassen, welche Probleme sie haben, wie bedeutsam diese sind, welche Produkte sich zur Lösung eignen und welchen Nutzen diese stiften. Insofern folgt das lösungs- beziehungsweise kundenorientierte Verkaufen der Maxime: Probleme identifizieren und Bedürfnisse generieren statt Produkte präsentieren. Hierzu eignet sich insbesondere die OPAL-Methode als Gesprächs- und Fragetechnik, wobei die Anwendung keine Verkaufsgarantie bietet. Sie stellt lediglich ein Rahmenkonzept dar, das es ermöglicht, Kunden auf dem Weg zu einer Problemlösung schrittweise zu begleiten und Vertrauen als Voraussetzung für eine erfolgreiche Kundenbeziehung zu schaffen.

4.3 Sachbezogenes Verhandeln: Harvard-Methode

- *Problemstellung:* Partnerschaftliche Entwicklung eines fairen und als Win-win empfundenen Interessenausgleichs in Verhandlungssituationen
- *Zielgruppe:* Geschäftsführer, Einkaufsleiter, Einkäufer, Vertriebsleiter, Vertriebsmitarbeiter, Außendienstmitarbeiter, Key Account Manager, Business Development Manager
- *Voraussetzungen:* Grundkenntnisse in professioneller Gesprächsführung und die Fähigkeit zur empathischen und vorurteilsfreien Kommunikation

Zielsetzung der Harvard-Methode

Verhandlungssituationen sind Teil des privaten, geschäftlichen und politischen Alltags. Wir verhandeln mit Freunden oder Ehepartnern über das nächste Urlaubsziel und mit Vorgesetzten über Gehaltserhöhungen. Arbeitnehmervertreter verhandeln mit Arbeitgebern über die Gestaltung von Tarifverträgen, Ein- und Verkäufer über den angemessenen Produktpreis und die Euro-Finanzminister über die Aufstockung des Rettungsschirmes für krisengeschüttelte Mitgliedsländer. Im Kern geht es in diesen Verhandlungen um die Bündelung unterschiedlicher Interessen und Sichtweisen, mit dem Ziel, eine Übereinkunft zu erreichen, die für alle Beteiligten zufriedenstellend ist.

Verhandlungen führen jedoch häufig zu keinen oder nur zu suboptimalen Ergebnissen, da Verhandlungspartner entweder versuchen, eigene Positionen durchzusetzen und kompromisslos zu verteidigen oder zu nachgiebig sind und eigene Interessen zurückstellen. Beide Verhandlungsarten – sowohl die „harte“ als auch die „weiche“[99] – vergrößern Konflikte, da es jeweils Sieger und Besiegte gibt. Bei der Verfolgung einer Gewinn-Verlust-Strategie werden die Parteien so lange wettstreiten, bis ein Verhandlungspartner auf der Grundlage kommunikativer oder argumentativer Überlegenheit oder aufgrund von Macht oder Drohungen gewinnt. Zurück bleiben ein Verlierer und gegebenenfalls Rachegelüste. Bei der Verfolgung einer Verlust-Verlust-Strategie werden persönliche Konflikte vermieden und faule Kompromisse eingegangen, um die Beziehung nicht zu gefährden oder Harmonie sicherzustellen. Zurück bleiben zwei Verlierer, da faule Kompromisse in der Regel Nachteile für beide Verhandlungsseiten bieten.[100]

Einen Weg aus dem Dilemma zwischen hartem und weichem Verhandeln – und den entsprechenden Mischformen – haben Fisher und Ury in ihrem Harvard-Konzept beschrieben, das auch als Methode des sachbezogenen Verhandelns bezeichnet wird. Ausgangspunkt der Methode war das in den 1980er-Jahren in den USA gestartete Harvard Negotiation Project, in dessen Mittelpunkt die Erforschung verbesserter Verhandlungstechniken und Verhandlungsstrategien stand.[101] Ziel der Methode des sachbezogenen Verhandelns ist es, auf der Basis einer Gewinn-Gewinn-Philosophie einen sach- und nutzenorientierten Interessenausgleich zwischen Verhandlungspartnern herzustellen, ohne persönliche Beziehungen oder partnerschaftliche Strukturen zu gefährden. Dabei wird

---

[99] Vergleiche Fisher, Ury & Patton (2004, S. 20).

[100] Vergleiche Fisher, Ury & Patton (2004, S. 19 ff).

[101] Siehe hierzu Fisher & Ury (1982).

davon ausgegangen, „dass Verhandlungspartner das beste Ergebnis erzielen, wenn sie die Interessen der jeweiligen Gegenseite verstehen und gemeinsam eine Lösung erarbeiten, die die Interessen beider Seiten so weit wie möglich beinhaltet“[102].

Beschreibung der Harvard-Methode

Verhandeln ist eine kommunikative Tätigkeit, in deren Rahmen Akteure versuchen, trotz unterschiedlicher Bedürfnisse, Sichtweisen und Meinungen zu einer gemeinsamen Lösung zu gelangen. Zwei wesentliche Charakteristika von Verhandlungssituationen sind *Interdependenz* und *Interessendifferenz*. Das heißt, Verhandlungspartner sind zum einen voneinander abhängig und aufeinander angewiesen, um ein Resultat zu erzielen. Zum anderen verfolgen die Verhandlungspartner häufig unterschiedliche Ziele, die zunächst offengelegt und verstanden werden müssen, bevor Möglichkeiten für eine Übereinkunft diskutiert werden können.

Verhandlungen spielen sich insofern nicht nur auf einer Sach-, sondern auch auf einer Prozessebene ab, da es sowohl um die Frage des Gegenstandes als auch um die Frage geht, wie mit dem Gegenstand umgegangen werden soll. Letzteres kann positions- oder sachbezogen erfolgen. Beim *positionsbezogenen Verhandeln* nehmen die Verhandlungspartner klare Positionen ein und versuchen diese mit allen zur Verfügung stehenden Mitteln zu verteidigen. Ein- und Verkäufer verhandeln beispielsweise positionsbezogen, wenn der Einkäufer gleich zu Beginn des Gespräches einen Rabatt von 15 Prozent einfordert, während der Verkäufer im Gegenzug maximal 5 Prozent in Aussicht stellt. Dieses Feilschen um Positionen, das man

---

102 Fisher & Shapiro (2007, S. 8).

von orientalischen Basaren kennt, ist im industriellen Umfeld oftmals ineffizient und verstellt den Blick für mögliche Lösungsalternativen, da sich das Ego der verhandelnden Person mit der vertretenen Position identifiziert und zu einem späteren Zeitpunkt – aufgrund der Gefahr des Gesichtsverlustes – kaum davon abweichen wird.[103]

Sachbezogenes Verhandeln beziehungsweise Verhandeln nach der Harvard-Methode bietet gegenüber dem positionsbezogenen Verhandeln zahlreiche Vorteile und die Chance, eine Win-win-Situation für alle Beteiligten zu schaffen. Folgende Grundprinzipien sind kennzeichnend für das Harvard-Konzept:[104]

- Menschen und Probleme sind getrennt voneinander zu behandeln.
- Interessen und nicht Positionen sind in den Mittelpunkt zu stellen.
- Vor einer Entscheidung sind verschiedene Optionen zu entwickeln.
- Die Optionen und das Ergebnis sind anhand neutraler Kriterien zu bewerten.

Das erste Prinzip bezieht sich auf die Tatsache, dass Verhandlungspartner rationale und emotionale Wesen sind, die sowohl von Argumenten als auch von Gefühlen geleitet werden. Beide Aspekte werden in Verhandlungen häufig vermischt – mit dem Ergebnis, dass Beziehungsprobleme die zur Diskussion stehenden Sachprobleme überlagern. Daher sollten mögliche Beziehungsprobleme bearbeitet werden, bevor das objektive Sachproblem thematisiert wird, um eine vertrauensvolle Verhandlungssituation

---

[103] Vergleiche Fisher, Ury & Patton (2004, S. 25 ff).

[104] Vergleiche im Überblick Fisher, Ury & Patton (2004, S. 43 ff).

zu schaffen, auf deren Grundlage Verteilungskämpfe vermieden werden können, die im Allgemeinen mit Gewinn-Verlust-Resultaten enden. Wichtige Voraussetzungen zur Thematisierung von Beziehungsproblemen sind die wechselseitige Akzeptanz der Verhandlungspartner und eine effektive Kommunikation – also die Fähigkeit, verbale und nonverbale Botschaften richtig kodieren und dekodieren zu können.

Der zweite Aspekt weist auf die Notwendigkeit hin, Verhandlungen nicht durch die Einnahme von Positionen in ihrem Verlauf und Ergebnis zu behindern. So dürfte beispielsweise die Verhandlung über den angemessenen Tagessatz eines Unternehmensberaters gleich zu Beginn ins Stocken geraten, wenn der Berater die Forderung „mindestens 1.500 Euro“ und der Einkäufer „höchstens 1.000 Euro“ formulieren würden. Sinnvoller wäre es, wenn die Verhandlungspartner die hinter Positionen liegenden Interessen aufdeckten: Warum ist es dem Einkäufer wichtig, einen bestimmten Tagessatz nicht zu überschreiten? Welche Interessen liegen hinter dieser Position? Welche Bedeutung hat das Erreichen dieses Zieles für den Einkäufer? Welche Interessen verfolgt der Unternehmensberater und warum? Bei der Aufdeckung von Interessen geht es nicht um das Ausräumen von Interessenkonflikten, die Gegenstand der meisten Verhandlungen sind, sondern um das Verstehen und Respektieren von Präferenzen und die Vorbereitung einer Diskussion über Wahlmöglichkeiten.

Sachbezogenes Verhandeln versucht, einen Wettstreit der Argumente, Weltsichten und Glaubenssätze zu vermeiden, indem auf der Basis einer funktionierenden Verhandlungsbeziehung und divergierender Interessen Optionen entwickelt werden. Dieses dritte Prinzip setzt voraus, dass Verhandlungspartner bereit sind, Lösungsmöglichkeiten unverbindlich zu diskutieren und deren Nutzen abzuwägen. Dabei erkennen sie, dass der Verhandlungskuchen nicht begrenzt ist und zum Beispiel nicht durch die Summen 1.500 oder 1.000 Euro definiert wird, sondern dass Optionen wie eine langfristige Zusammenarbeit, eine an Erfolgskriterien gebundene Vergütung oder der Einsatz von Juniorberatern mögliche Verhandlungslösungen darstellen könnten.

Das vierte Prinzip macht deutlich, dass Interessenkonflikte durch die Berücksichtigung neutraler Kriterien gelöst werden können. Das heißt, zur Bewertung der einzelnen Optionen werden allgemein gültige Normen, Rechtsgrundsätze oder Fairnessstandards herangezogen, die für alle Verhandlungspartner gültig und verbindlich sind. Auf diese Weise kann es gelingen, faire Lösungen zu entwickeln, die für beide Seiten Nutzen stiften, indem die jeweils zentralen Interessen befriedigt werden. Die Bewertung von Handlungsalternativen anhand von objektiven Kriterien bietet den Vorteil, dass Verhandlungspartner eine Lösung erarbeiten und nicht um eine Lösung feilschen, die zu Beginn des Gespräches zum Beispiel in Form von Positionen – 1.500 oder 1.000 Euro – artikuliert wird. Der Prozess des Erarbeitens von Lösungen ermöglicht es, „hart in der Sache, aber weich gegenüber den Menschen“[105] zu sein. Diesem Grundsatz folgt das Harvard-Konzept, das sich in zahlreichen ökonomischen und politischen Verhandlungssituationen bewährt hat und im Folgenden an einem konkreten Beispiel dargestellt wird.

Anwendungsbereich und Anwendungsprozess

Ein promovierter Bereichsleiter eines internationalen Konsumgüterkonzerns plant, die Branche zu wechseln

---

[105] Fisher, Ury & Patton (2004, S. 21).

und seine Leidenschaft für Forschung und Lehre durch eine Bewerbung an einer renommierten privaten Hochschule umzusetzen. Die erste Phase des Bewerbungsprozesses und der Berufungsvortrag verlaufen vielversprechend. Lediglich die Gespräche über die zukünftige Vergütung führen sowohl auf Seiten der Hochschulleitung als auch auf Seiten des Bewerbers zu Irritationen. Ein abschließendes Treffen zwischen dem Hochschulpräsidenten und dem Bewerber aus der Industrie soll Klarheit bringen, ob beide Verhandlungspartner zu einer Lösung kommen oder ob eine Zusammenarbeit an den unterschiedlichen Gehaltsvorstellungen scheitert. Unter Berücksichtigung der Prinzipien der Harvard-Methode würde das Verhandlungsgespräch in folgenden, in Abbildung 15 skizzierten Schritten ablaufen:[106]

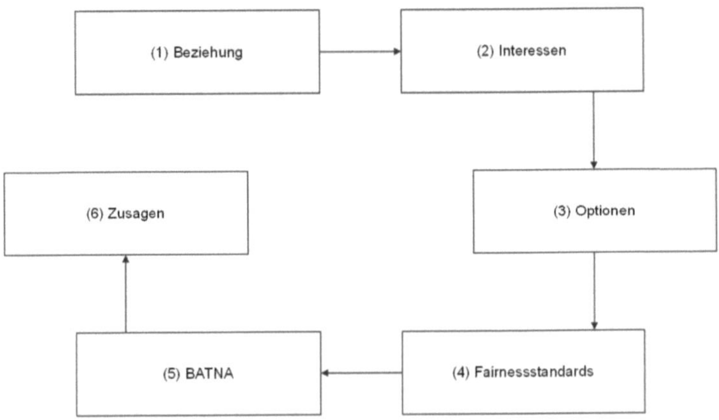

Abbildung 15: Die sechs Elemente erfolgreicher Verhandlungen

[106] Vergleiche zu den einzelnen Prozessschritten Fisher & Shapiro (2007, S. 263 f).

In einem ersten Schritt werden vor der Thematisierung des Sachproblems mögliche Beziehungsprobleme angesprochen, transparent gemacht und sofern möglich gelöst. Dies ist erforderlich, da die oben erwähnten wechselseitigen Irritationen die Diskussion über das Sachproblem überlagern würden. Der Bewerber kann dies vermeiden, indem er beispielsweise zu Beginn des Treffens seine Wahrnehmung der Situation mit folgender Aussage zum Ausdruck bringt: „In unseren zurückliegenden Gesprächen hatte ich den Eindruck, dass das Thema Gehalt zu Irritationen geführt hat. Hatten Sie einen ähnlichen Eindruck?" Sollte der Hochschulpräsident bereit sein, die Frage zu beantworten und seine Wahrnehmung der Situation zu artikulieren, besteht die Möglichkeit, Unterschiede und Gemeinsamkeiten zu verstehen und auf dieser Basis gegenseitiges Vertrauen aufzubauen.

Das Thematisieren von Beziehungsproblemen und Wahrnehmungen veranlasst Verhandlungspartner häufig zu positionsbezogenen Aussagen. So könnte der Hochschulpräsident die Meinung vertreten: „Sie müssen verstehen, dass Hochschulen ein anderes Gehaltsgefüge als Industrieunternehmen haben und daher gewisse Grenzen nicht überschreiten können." Der Bewerber würde zum Beispiel erwidern: „Ungeachtet dessen muss ich sicherstellen, dass meine Gehaltseinbußen bei der Annahme einer Professur möglichst gering bleiben." Ein Abdriften in einen positionsbezogenen Verhandlungsstil kann vermieden werden, indem die Verhandlungspartner in einem zweiten Schritt versuchen, hinter Positionen liegende Interessen zu erkennen und auszutauschen, um anschließend Lösungsmöglichkeiten für disparate Präferenzen zu erarbeiten. Der Hochschulpräsident dürfte beispielsweise daran interessiert sein, die Gehaltsstruktur seiner Hochschule nicht aus dem Gleichgewicht zu bringen, den Bewerber anhand von Leistungskriterien zu vergüten und sein Verlustrisiko möglichst gering zu halten. Hinter der Position des promovierten Bereichsleiters, Gehaltseinbußen zu minimieren, verbirgt sich unter Umständen nicht nur der Wunsch nach einer angemessenen Vergütung, sondern auch das Interesse an einer langfristigen Beschäftigungsperspektive und an Zusagen, die geplanten Lehr- und Forschungsaktivitäten durchführen zu können und hierfür gegebenenfalls Unterstützung durch einen Mitarbeiter zu erhalten.

Auf der Grundlage aufgedeckter Interessen werden in einem dritten Schritt Optionen entwickelt, um sowohl die Interessen des Hochschulpräsidenten als auch jene des Bewerbers optimal – im Sinne einer Win-win-Situation – befriedigen zu können. Die einzelnen Handlungsalternativen werden in einem vierten Schritt anhand von Fairnessstandards bewertet, um sicherzustellen, dass wechselseitig akzeptierte, objektive Kriterien und nicht manipulative Gesprächsführungstechniken, Tricks oder Finten einer Verhandlungslösung zugrunde liegen.

Verhandlungen müssen nicht zu einem positiven Ergebnis führen, denn beide Verhandlungsparteien haben das Recht, das potenzielle Verhandlungsergebnis mit verfügbaren Alternativen zu vergleichen und abzuwägen, wie entschieden werden soll. Der promovierte Bereichsleiter, der eine Professur ergattern möchte, könnte die Verhandlungsübereinkunft mit dem Hochschulpräsidenten mit seiner besten Ausweichalternative vergleichen – zum Beispiel einer Professur an einer staatlichen oder einer ausländischen Hochschule –, bevor er eine Entscheidung trifft. Die Ausweichalternative, die im englischsprachigen Kontext als BATNA – als *Best Alternative To a Negotiated Agreement* – bezeichnet wird, sollte nicht zum Aufbau einer Drohkulisse genutzt werden. Mögliche Handlungsalternativen können aber zur Sprache kommen, um die Diskussion über Optionen neu anzuregen.

Verhandlungspartner stimmen in einem letzten Schritt einer Verhandlungsübereinkunft zu, wenn die jeweils verfügbaren BATNAs schlechter sind und wenn das verhandelte Ergebnis realisierbar, verbindlich und für beide Seiten fair ist.

Weiterführende Hinweise

Die Methode des sachbezogenen Verhandelns kann prinzipiell in allen Verhandlungssituationen angewendet werden. Dabei hat es sich als sinnvoll erwiesen, bereits im Vorfeld einer Verhandlung die einzelnen Prozessschritte gedanklich durchzuspielen, um sich der eigenen Interessen und BATNAs bewusst zu werden und um die möglichen Interessen oder BATNAs der Verhandlungspartner zu antizipieren. Durch eine systematische und an den sechs Elementen erfolgreicher Verhandlungen orientierte Vorbereitung wird die Chance auf eine für beide Seiten zufriedenstellende Lösung vergrößert. Ungeachtet aller vorbereitenden Schritte und methodischen Reflexionen stößt man in der Praxis immer wieder auf schwierige Verhandlungspartner, die aus Furcht, Misstrauen oder falsch verstandenem Konkurrenzverhalten nicht kooperieren können oder wollen. Auch wenn es für diese schwierigen Verhandlungssituationen kein Patentrezept gibt, kann unter Berücksichtigung der zentralen Aspekte der Harvard-Methode eine Annäherung erzielt werden, indem man zum Beispiel die Wahrnehmungen und Interessen aufdeckt, die hinter einer Sieger-Verlierer-Mentalität stecken. Zudem kann man im Rahmen der Diskussion über Optionen den Versuch unternehmen, das Spiel der Gegenseite zu ändern und einen einheitlichen Rahmen und damit verbundene Regeln zu finden. Schließlich kann man auch die in Kapitel 4.2 diskutierte OPAL-Methode anwenden, um die Gegenseite beispielsweise erkennen zu lassen, welche Auswirkungen ein negatives Verhandlungsergebnis hätte.

4.4 Gewinnschwellenanalyse

- *Problemstellung:* Planung profitabler Investitionen und Bestimmung gewinnorientierter Absatzmengen und Preise
- *Zielgruppe:* Geschäftsführer, Geschäftsbereichsleiter, Controller, Produktprogrammplaner, Produktmanager, Projektleiter
- *Voraussetzungen:* Zugang zu quantifizierbaren Kosten- und Erlösverläufen und Informationen zu vorhandenen Produktionskapazitäten

Zielsetzung der Gewinnschwellenanalyse

Zur Erreichung unternehmerischer Ziele ist es erforderlich, Investitionen optimal zu planen. Das heißt, potenzielle Ein- und Auszahlungen beziehungsweise Erlöse und Kosten sind vor der Umsetzung von Wachstums-, Internationalisierungs- oder Produktstrategien klar zu beziffern, um den Zeitpunkt zu bestimmen, ab dem Gewinn erwirtschaftet wird. Ziel der auch als *Break-even-Analyse* bezeichneten Methode ist die Ermittlung der Gewinnschwelle eines Unternehmens oder einzelner Produkte. An dieser Schwelle sind Kosten und Erlöse gleich hoch, während oberhalb des Break-even-Punktes Gewinne und unterhalb Verluste erwirtschaftet werden. Hat man den in Abbildung 16 dargestellten Verlauf bestimmt, kann man entscheiden, ob sich eine Investition lohnt oder nicht. Entwickelt ein Unternehmen beispielsweise neue Produkte, kann mit Hilfe der Gewinnschwellenanalyse eine Auswahl getroffen und der Erfolg einzelner Produkte vorhergesagt werden. Voraussetzung ist indes, dass die Kosten- und Erlösverläufe quantifizierbar sind.[107]

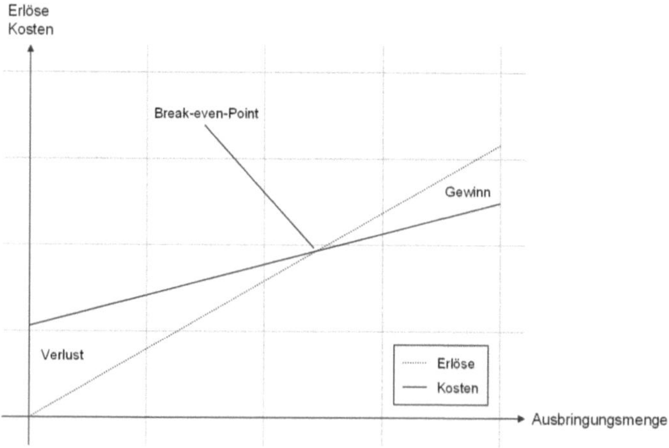

Abbildung 16: Gewinnschwellenanalyse[108]

Beschreibung der Gewinnschwellenanalyse

Die Gewinnschwellenanalyse ist eine seit langem bekannte und bewährte betriebswirtschaftliche Methode. Sie kommt immer dann zum Einsatz, wenn beantwortet werden soll, ob und ab wann sich Ausgaben lohnen. Typische Anwendungsfelder sind der Vergleich von Investitionsprojekten oder die gewinnorientierte Preisfindung. Im

[107] Vergleiche Horváth (2011, S. 428 ff).

[108] Modifiziert nach Vahs & Schäfer-Kunz (2012, S. 503).

ersten Fall liefert die Analyse eine Antwort auf die Frage, bei welchen Mengen die Gewinne von verschiedenen Investitionen gleich groß sind. Im zweiten Fall wird zum Beispiel für ein neues Produkt der optimale Markteinführungspreis aus dem gewünschten Gewinnziel abgeleitet. Hierzu müssen neben dem Gewinnziel der Verlauf der Gesamtkosten und die maximalen Produktionskapazitäten des Unternehmens bekannt sein. Liegen diese Informationen vor, bietet die Gewinnschwellenanalyse die Möglichkeit, die Zusammenhänge zwischen Gewinnzielen, Produktionsmengen, Preisen und Kosten aufzudecken. Somit kann man unter anderem folgende Fragen beantworten: Welcher Preis ist bei einer prognostizierten Absatzmenge X optimal? Welche Preisspielräume können zur Marktpositionierung genutzt werden? Oder: Ab welcher minimalen Absatzmenge tritt bei gegebenen Bedingungen ein Verlust ein?

Der große Nachteil der gewinnorientierten Preisbestimmung mit Hilfe der Gewinnschwellenanalyse besteht darin, dass Ursache-Wirkungs-Verhältnisse zirkulär betrachtet werden. Das heißt, der Preis wird auf der Grundlage einer geplanten Absatzmenge festgelegt, obwohl man weiß, dass die Absatzmengen der meisten Produkte vom Preis abhängen. Unberücksichtigt bleiben die Kunden mit ihren Präferenzen und Nutzenerwartungen. Aus dem Preismanagement ist bekannt, dass man den Wert bei der Preisfestlegung berücksichtigen sollte, den Kunden einzelnen Produkten oder Marken zuschreiben. Erfolgt die Orientierung ausschließlich an den oben skizzierten Zusammenhängen, kann es passieren, dass man zu niedrige Preise veranschlagt, obwohl Kunden bereit wären, mehr für ein Produkt zu bezahlen. Insofern sollte man die gewinn- oder kostenorientierte Perspektive um Methoden der nachfrage- oder konkurrenzorientierten Preisbestimmung ergänzen.[109]

Anwendungsbereich und Anwendungsprozess

Die Gewinnschwellenanalyse findet immer dann Anwendung, wenn Preise, Mengen und Kosten im Voraus geplant oder zumindest geschätzt werden können. Die jeweiligen Kosten und Erlöse sollten dabei zeitpunktbezogen vorliegen, damit man diese einander gegenüberstellen und valide Aussagen ableiten kann. Beim Vergleich von Investitionsprojekten hat sich folgendes Vorgehen bewährt:[110]

- Bestimmung der Kostenverläufe,
- Bestimmung der Erlösverläufe,
- Erstellung des Gewinnschwellendiagramms.

In einem ersten Schritt werden die Kosten ermittelt, die sich bei den jeweiligen Investitionen ergeben. Dabei ist eine Trennung in variable und fixe Kosten vorzunehmen. Variable Kosten sind jene, die sich bei einer Erhöhung oder Verringerung der Produktions- beziehungsweise Absatzmenge verändern. Man bezeichnet sie daher auch als mengenabhängige Kosten. Im Produktionsbetrieb stellen zum Beispiel Fertigungsmaterial- oder Fertigungslohnkosten variable Kosten dar. Im Gegensatz dazu sind fixe Kosten unabhängig von der Produktions- beziehungsweise Ausbringungsmenge. Sie fallen selbst dann an, wenn nichts produziert wird. Zu den fixen Kosten zählen beispielsweise Gehälter oder Mieten für Büros und Lagerräume. In der einfachsten Variante der Gewinnschwellenanalyse geht man von einem linearen Zusammenhang

---

[109] Vergleiche Thommen & Achleitner (2012, S. 243).

[110] Vergleiche im Überblick Kerth & Asum (2008, S. 271 f).

zwischen Ausbringungsmengen, Preisen und Kosten aus. Man unterstellt, dass die Preise unabhängig von der verkauften Menge konstant bleiben. Identisches gilt für die variablen Stückkosten je erzeugter Mengeneinheit. Auch hier nimmt man konstante Werte in die Analyse auf, wenngleich die variablen Stückkosten mit veränderten Mengeneinheiten üblicherweise variieren.

In einem zweiten Schritt werden die potenziellen Erlöse geschätzt. Hierbei wird in der Regel mit Prognoseverfahren gearbeitet, um möglichst realistische Werte zu erhalten. Die einzelnen Werte sollten für die gleichen Zeitintervalle ermittelt werden, wie die Kosten. Hat man die Kosten und Erlöse in gleiche Zeitabschnitte unterteilt, kann man in einem dritten Schritt die einzelnen Zahlenreihen gegenüberstellen und das Gewinnschwellendiagramm erstellen. Hierzu ist keine Spezialsoftware erforderlich, da sowohl die Aufbereitung der Kosten und Erlöse als auch die Visualisierung mit Hilfe einer Breakeven-Grafik mit jedem handelsüblichen Tabellenkalkulationsprogramm vorgenommen werden können.

Weiterführende Hinweise

Zahlreiche betriebswirtschaftliche Methoden sind einfach in der Anwendung und liefern mit geringem Aufwand übersichtliche Ergebnisse. Dies gilt auch für die Gewinnschwellenanalyse. Sie bietet pragmatische Hilfestellung bei Gewinn-, Preis- und Investitionsentscheidungen, sofern die erforderlichen Daten verfügbar sind. Allerdings handelt es sich um ein statisches und in Teilen wirklichkeitsfernes Verfahren. Insofern sollte man die Breakeven-Analyse in der Praxis eher als Überblicks- denn als Entscheidungsfindungsmethode verwenden. Zur Unternehmensplanung sollten ergänzende Managementkonzepte berücksichtigt werden, die zum Teil komplexer, methodisch aber auch valider sind.

4.5 Kundenwertanalyse

- *Problemstellung:* Bestimmung der Bedeutung aktueller und zukünftiger Kunden für den wirtschaftlichen Erfolg eines Unternehmens
- *Zielgruppe:* Marketing- und Vertriebscontroller, Produktmanager, CRM-Verantwortliche, Vertriebsmitarbeiter, Key Account Manager
- *Voraussetzungen:* Präzise, zeitnahe und gut strukturierte Umsatz-, Deckungsbeitrags-, Kosten- und Potenzialinformationen je Kunde

Zielsetzung der Kundenwertanalyse

Das Konzept der marktorientierten Unternehmensführung[111] rückt den Kunden in den Mittelpunkt marketingstrategischer und marketingpolitischer Entscheidungen. Zur Begründung wird darauf verwiesen, dass der Kunde ein zentraler Erfolgsfaktor sei, da dieser mit seiner Entscheidung für oder gegen den Kauf einer Leistung den Erfolg oder Misserfolg eines Unternehmens maßgeblich bestimmt. Die Bedeutung der Kunden für den Unternehmenserfolg stellt keine neue Erkenntnis dar, sondern wurde bereits in zahlreichen Studien belegt.[112] Gleichwohl hängt das Wohl und Wehe eines Unternehmens nicht von

---

[111] Siehe zum Beispiel Homburg (2012a), Meffert, Burmann & Kirchgeorg (2012) oder Winkelmann (2010).

[112] Bereits in den 1980er-Jahren haben sich Peters & Waterman (1982) auf die Suche nach den Gründen für unternehmerische Spitzenleistungen gemacht und die Wichtigkeit der Kunden herausgestellt. Siehe im Überblick auch Günter & Helm (2006).

einer möglichst großen Anzahl an Kunden, sondern von den richtigen Kunden ab. Demnach ist nicht nur die Quantität, sondern auch die Qualität entscheidend. An diesem Punkt setzt die Kundenwertanalyse an, die ursprünglich von Banken und Versicherungen zur Messung des Wertes von Kunden verwendet wurde. Mittlerweile zählen Kundenwertberechnungen als Bestandteil des *Customer Relationship Managements* – in der Regel mit CRM abgekürzt – in nahezu allen Branchen zum Methodenrepertoire von Produkt- oder Marketingmanagern. Ziel der Kundenwertanalyse ist die Bestimmung der Profitabilität bestehender und des Umsatzpotenzials aktueller und zukünftiger Kunden. Insofern dient die Methode sowohl der Berechnung des gegenwärtigen als auch des zukünftigen Kundenwertes. Dabei werden verschiedene Bestimmungsfaktoren berücksichtigt, die in monetäre und nicht-monetäre unterteilt werden können. Erstere umfassen Aspekte wie Umsätze, Deckungsbeiträge oder Kosten, während nicht-monetäre Determinanten des Kundenwertes zum Beispiel Entwicklungs-, Referenz- oder Kooperationspotenziale darstellen. Bei den letztgenannten, vor allem im Business-to-Business-Bereich berücksichtigen Kriterien handelt es sich um Potenzialmerkmale. Das heißt, es werden nicht bereits realisierte, sondern in Zukunft erwartete Wertbeiträge in den Blick genommen. Von Entwicklungspotenzialen ist die Rede, wenn von einem Kunden erwartet wird, dass dieser auf seinen bestehenden Absatzmärkten weiter wachsen und neue Märkte erschließen kann. Referenzpotenziale umfassen die Möglichkeiten eines Kunden, Weiterempfehlungen auszusprechen und diese breit zu streuen. Kunden weisen schließlich Kooperationspotenziale auf, wenn sie bereit und in der Lage sind, mit einem Hersteller zusammenzuarbeiten, um beispielsweise Synergien zu realisieren oder Innovationen anzustoßen.[113]

Beschreibung der Kundenwertanalyse

Zur Generierung von profitablem Wachstum ist es erforderlich, Kunden als Ertrags- und Kostentreiber zu betrachten, die mit Blick auf ihre jeweiligen Erfolgsbeiträge differenziert ausgewählt und behandelt werden sollten. Das heißt, nicht jeder Kunde ist es wert, akquiriert oder gebunden zu werden, und nicht allen Kunden ist ein identischer Service zu gewähren. Kundenwertanalysen geben zuverlässige und unverzichtbare Antworten auf die Frage nach den richtigen Kunden und schaffen die notwendigen Voraussetzungen für eine zielgruppenspezifische Gestaltung des Marketingmix. Zur Ermittlung des Kundenwertes stehen verschiedene Verfahren zur Verfügung, die isoliert oder kombiniert angewendet werden können:

Mit Hilfe der *ABC-Analyse* werden Kunden unter Berücksichtigung des Umsatzes oder des Deckungsbeitrages in Klassen eingeteilt. Die in den 1950er-Jahren entwickelte und auf der Pareto-Regel aufbauende Analyse unterscheidet Kunden gemäß ihrem Wertanteil in A-, B- und C-Kunden. Typischerweise zeigt sich dabei, dass A-Kunden 70 Prozent des Umsatzes generieren, obgleich sie nur 20 Prozent aller Kunden ausmachen. B-Kunden stehen für 25 Prozent des Umsatzes, während sie etwa 30 Prozent aller Kunden repräsentieren. Die verbleibenden 50 Prozent der Kunden erbringen schließlich nur 5 Prozent des Umsatzes. Die Analyse veranschaulicht, welche Kunden wirtschaftlich wichtig und welche weniger wichtig sind. Diese Erkenntnis wird beispielsweise zur Definition so genannter Service Level Agreements genutzt, in deren

---

[113] Vergleiche Helm & Günter (2006, S. 5 ff). Weitere Hinweise finden sich bei Tomczak & Rudolf-Sipötz (2006, S. 130 ff).

Rahmen Mindestbestellmengen, Lieferzeiten oder Preisdifferenzierungen festgelegt werden. Dabei ist zu beachten, dass eine reine Umsatzbetrachtung zu Fehlentscheidungen beim Kundenmanagement führen kann, da zum Beispiel A-Kunden aufgrund des größeren Betreuungs- und des daraus resultierenden erhöhten Kostenaufwandes unprofitabel sein können. Insofern sollte man die Umsatzklassifikation um eine Profitabilitätsklassifikation ergänzen.[114]

Eine weitere Möglichkeit zur Analyse des Kundenwertes stellen *Kundendeckungsbeitragsrechnungen* dar, die detaillierter und aussagekräftiger sind als ABC-Analysen. Dabei werden die von einem Kunden erzielten Erlöse den entsprechenden Kosten gegenübergestellt. Tabelle 5 illustriert das mehrstufige Vorgehen und zeigt, dass ein zunächst positiver Deckungsbeitrag I zum Beispiel durch häufige Bestellungen von kleinen Mengen zu einem negativen Deckungsbeitrag II führen kann. Als Reaktion könnten das Marketing- und Vertriebscontrolling beispielsweise Mindestbestellmengen oder Preisaufschläge für geringe Absatzvolumina festlegen.[115]

---

114 Vergleiche Helm & Günter (2006, S. 15) und Homburg (2012a, S. 1178 ff).

115 Vergleiche Helm & Günter (2006, S. 20).

	Kunden-Bruttoerlöse pro Periode
–	Erlösschmälerungen
=	Kunden-Nettoerlöse pro Periode
–	Kosten der vom Kunden bezogenen Produkte (variable Stückkosten laut Produktkalkulation, multipliziert mit den Kaufmengen)
=	**Kundendeckungsbeitrag I**
–	eindeutig kundenbedingte Auftragskosten (zum Beispiel Versandkosten)
=	**Kundendeckungsbeitrag II**
–	eindeutig kundenbedingte Besuchskosten (zum Beispiel Kosten der Anreise zum Kunden)
–	sonstige relative Einzelkosten des Kunden pro Periode (zum Beispiel Gehalt eines speziell zuständigen Key Account Managers, Mailing-Kosten, Werbekostenzuschüsse, Listungsgebühren)
=	**Kundendeckungsbeitrag III**

Tabelle 5: Aufbau einer Kundendeckungsbeitragsrechnung[116]

Der *Customer Lifetime Value* stellt eine zukunftsorientierte Wirtschaftlichkeitsbewertung dar, die allerdings nur bei langfristig angelegten Geschäftsbeziehungen sinnvoll angewendet werden kann. Dieses Verfahren betrachtet

116 Vergleiche Günter & Helm (2011, S. 279).

Kunden als Investitionsobjekte und prüft, inwiefern eine Kundenbeziehung über verschiedene Perioden erfolgsträchtig ist. Zur Bestimmung des Kundenlebenszeitwertes müssen Informationen über die erwarteten Einzahlungen und Auszahlungen einzelner Kunden vorliegen, die aufgrund des langen Planungshorizontes häufig schwer zu beschaffen und mit deutlichen Unsicherheiten behaftet sind.[117]

In der Praxis erfreuen sich auch so genannte *Punktbewertungsverfahren* beziehungsweise *Scoring-Modelle* großer Beliebtheit. Dabei sind zunächst die für ein Unternehmen wesentlichen Kundenmerkmale auszuwählen, die sowohl quantitativer Natur wie Umsatz oder Deckungsbeitrag als auch qualitativer Natur wie Kaufhäufigkeit oder Kundenloyalität sein können. In einem zweiten Schritt werden für die ausgewählten Merkmale Gewichtungsfaktoren bestimmt, welche die relative Bedeutung der Kriterien für den Kundenwert zum Ausdruck bringen. Daran anknüpfend werden alle Kunden anhand der ausgewählten und gewichteten Merkmale bewertet und ein Gesamtscore gebildet. Dieser Gesamtscore – also die Summe der gewichteten Punkte pro Kunde – spiegelt den Kundenwert wider, der mit Blick auf die weitere Gestaltung der Kundenbeziehung wichtige Anhaltspunkte bietet.[118] Eine modifizierte Form des Scoring-Modells stellt der RFMV-Ansatz dar, der vor allem im Handelsbereich verbreitet ist. Hierbei werden die Kriterien *Recency*, *Frequency* und *Monetary Value* zur Ermittlung des Kundenwertes herangezogen. Diese drei Merkmale – Zeitpunkt des letzten Kaufes, Häufigkeit des Einkaufes und erwarteter Umsatz – eignen sich vor allem im Business-to-Consumer-Bereich, in dem Kaufpräferenzen, Kaufzyklen und Kaufmengen in beson-

---

[117] Vergleiche Homburg (2012a, S. 1192).

[118] Vergleiche Helm & Günter (2006, S. 17).

derem Maße durch zielgerichtete Marketingmaßnahmen beeinflusst werden können.[119]

Zur Bewertung von Kunden kann schließlich auch auf die *Portfoliomethode* zurückgegriffen werden. Kundenportfolios sind zweidimensional aufgebaut, wobei sich eine Achse auf die Attraktivität der Kunden bezieht, während die andere zum Beispiel den kundenbezogenen Marktanteil repräsentiert. Sowohl die Erstellung als auch die Interpretation der Vier- oder Neun-Felder-Kundenportfolios erfolgt analog zu den bekannten BCG-[120] oder McKinsey-Matrizen, in deren Rahmen jeweils Geschäftseinheiten analysiert werden. Insofern sind die Betrachtungsobjekte – zum Beispiel Kunden, Produkte oder Geschäftseinheiten – eindeutig zu definieren und voneinander abzugrenzen, um Normstrategien isoliert ableiten zu können.[121]

Anwendungsbereich und Anwendungsprozess

Die beschriebenen Verfahren zur Messung des Kundenwertes weisen sowohl Vor- als auch Nachteile auf, die im Einzelfall gegeneinander abzuwägen sind. In der Praxis hat sich gezeigt, dass eine Kombination aus Scoring-Modell und Kundenportfolio sehr gute Ergebnisse liefert. Daher werden im Folgenden diese beiden Methoden in den Mittelpunkt gerückt, während die ABC-Analyse, die Kundendeckungsbeitragsrechnung und der Customer Lifetime Value unberücksichtigt bleiben.

---

119 Vergleiche im Überblick Homburg, Schäfer & Schneider (2010, S. 190 f) sowie Winkelmann (2010, S. 327).

120 Das Akronym BCG steht für Boston Consulting Group, eine der größten internationalen Managementberatungsgesellschaften.

121 Vergleiche Homburg (2012a, S. 1180 f) und Winkelmann (2010, S. 328).

Zur Ermittlung der Attraktivität von Kunden kann zunächst auf das Scoring-Modell zurückgegriffen werden. Folgende Schritte werden dabei durchlaufen:[122]

- Zunächst ist zu bestimmen, welche monetären und nicht-monetären Kriterien zur Kundenbewertung berücksichtigt werden sollen. Die entsprechende Auswahl kann im Rahmen von Expertengesprächen oder Befragungen von Branchenkennern getroffen werden sowie in Anlehnung an die von Wettbewerbern verwendeten Merkmale. Dabei ist darauf zu achten, dass die Kriterien überschneidungsfrei sind und dass eine gewisse Anzahl nicht überschritten wird – empfehlenswert sind maximal zehn Merkmale, um die Modellkomplexität nicht unnötig in die Höhe zu treiben.
- Die Bewertungskriterien sind in einem nächsten Schritt zu gewichten. Die Gewichtungsfaktoren, deren Summe 1 beziehungsweise 100 Prozent ergeben muss, sollten gemäß der Relevanz des jeweiligen Merkmals und möglichst objektiv festgelegt werden. Das heißt, subjektive Vorlieben oder Entscheidungsmacht aufgrund der Über- oder Unterstellung in einer Unternehmenshierarchie sollten bei der Bestimmung sowohl der Kriterien als auch der Gewichtungsfaktoren keine Rolle spielen.
- Für alle Kriterien ist eine einheitliche Ratingskala zu erstellen und zu verwenden, die eine Bewertung der Kunden zum Beispiel anhand von fünf oder sieben Schritten gestattet. Dabei ist ebenfalls auf eine Auswertung im Team zu achten, um mögliche subjektive Verzerrungen zu vermeiden.

---

122 Vergleiche im Überblick Hungenberg (2010, S. 71 f).

- Abschließend ist ein Gesamtwert je Kunde zu berechnen, der sich aus der Summation der einzelnen, mit dem Gewichtungsfaktor multiplizierten Kriterienbewertungen ergibt. Kunden mit den höchsten Scoring-Werten gelten als besonders attraktiv, während jene mit unterdurchschnittlichen Bewertungen als wenig bedeutsam eingestuft und gegebenenfalls aus dem Kundenportfolio eliminiert werden.

Scoring-Modelle lassen sich relativ schnell erstellen und liefern wichtige Hinweise für die Gestaltung des Kundenmanagements. Gleichwohl stellen die Subjektivität bei der Auswahl und Bewertung der Kriterien und der Informationsverlust durch die Verdichtung der berücksichtigten Aspekte in einer Kennzahl nicht zu vernachlässigende Nachteile dar. Diese können durch eine Ergänzung des Scoring-Modells durch ein Kundenportfolio zumindest teilweise ausgeglichen werden.

Das Kundenportfolio kann sowohl im Business-to-Consumer- als auch im Business-to-Business-Bereich angewendet werden. In Abhängigkeit von der Anzahl der zu berücksichtigenden Kunden werden diese entweder einzeln oder in Gruppen analysiert. Typischerweise wird das Portfolio anhand der Dimensionen Kundenattraktivität und Anbieterposition aufgespannt, die aus mehreren Kriterien gebildet werden. Dabei werden die Merkmale Bedarfsvolumen, Wachstumspotenzial und Preisniveau sowie Referenz- oder Kooperationspotenziale und die strategische Bedeutung zur Kundenattraktivität verdichtet, während der so genannte Bedarfsdeckungsanteil Auskunft darüber gibt, wie stark die Position eines Herstellers oder Dienstleisters bei den Kunden ist.[123] Investiert ein

123 Vergleiche Homburg (2012a, S. 1180 ff).

Chemieunternehmen beispielsweise 5 Millionen Euro pro Jahr in Unternehmensberater, beläuft sich der Bedarfsdeckungsanteil einer Unternehmensberatung auf 10 Prozent, wenn diese pro Jahr Projekte im Wert von 500.000 Euro an das Chemieunternehmen verkauft. In diesem Fall wäre der kundenbezogene Marktanteil aus Sicht der Unternehmensberatung relativ gering, da das Chemieunternehmen 90 Prozent seines Bedarfs über andere Beratungsgesellschaften deckt. Welche Position das Chemieunternehmen im Kundenportfolio der Unternehmensberatung einnimmt und welche Maßnahmen zu ergreifen sind, kann in folgenden Schritten bestimmt werden:[124]

- Zur Aufstellung eines Kundenportfolios sind zunächst die Kundenbewertungskriterien festzulegen und zu operationalisieren. Die Merkmale können mit Gewichtungsfaktoren versehen werden, sofern diese – aus Sicht des Anbieterunternehmens – von unterschiedlicher Relevanz für die Kundenbewertung sind.
- Im zweiten Schritt werden die Kunden bewertet und die Koordinaten für die vertikale und horizontale Achse des Portfolios durch Addition der Einzelwerte für die Dimensionen Kundenattraktivität und Anbieterposition berechnet.
- Die Gesamtwerte dienen schließlich zur Aufstellung des Kundenportfolios, das Auskunft darüber gibt, welche Kunden Star-, Fragezeichen-, Ertrags- oder Mitnahmekunden sind und welche Strategien daraus resultieren.

---

[124] Vergleiche im Überblick Homburg, Schäfer & Schneider (2010, S. 193 ff).

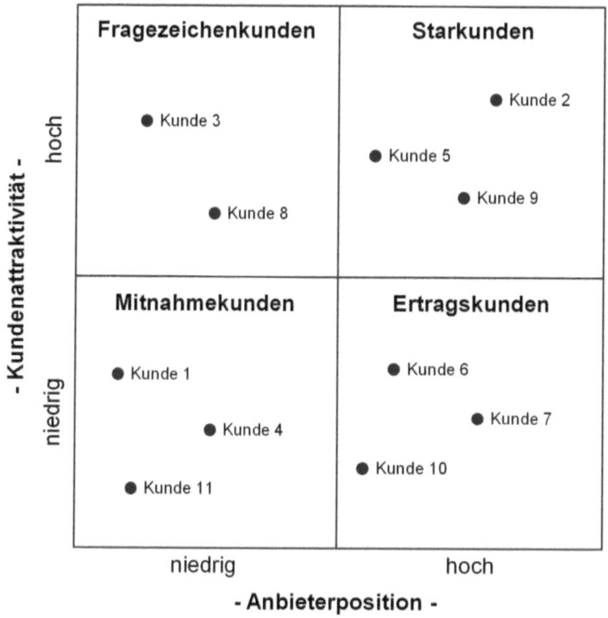

Abbildung 17: Kundenportfolio am Beispiel einer Unternehmensberatung

Abbildung 17 zeigt das Kundenportfolio der erwähnten Unternehmensberatung, die folgenden Normstrategien folgen kann: Starkunden sind intensiv zu betreuen und zu bearbeiten, um weitere Wachstumspotenziale zu realisieren. Ertragskunden sollten mit reduziertem Aufwand auf gleichbleibendem Niveau gehalten werden, während Mitnahmekunden keine besondere Wertschätzung erfahren und gegebenenfalls aus dem Portfolio verschwinden. Fragezeichenkunden sind schließlich differenziert zu bearbeiten. Aufgrund der vergleichsweise geringen Anbieterposition ist für jeden einzelnen Kunden zu prüfen, ob sich eine Investition in Marketingmaßnahmen lohnt und ob die Kunden zu Stars entwickelt werden können. Im positiven Fall dürften die Aufwendungen für Kundenbearbeitung, Kundenentwicklung und Kundenbetreuung in einer ähnlichen Größenordnung liegen wie bei Starkunden.[125]

Eine Kombination aus Scoring-Modell und Kundenportfolio bietet eine mehrdimensionale Kundenbewertung, in die sowohl quantitative und qualitative als auch zukunftsbezogene Kriterien einfließen. Insgesamt wird damit die Grundlage geschaffen, Kundenbeziehungen wertschöpfend zu gestalten und begrenzte Marketing- und Vertriebsbudgets effizient einzusetzen.

Weiterführende Hinweise

Die Kundenwertanalyse ist ein wichtiges Steuerungsinstrument im Kundenmanagement, da mit ihrer Hilfe die Bedeutung von Kunden transparent gemacht werden kann. Dies ist insofern wichtig, als in der Praxis zum Teil unnötige Komplexität aufgebaut und an unprofitablen Kunden festgehalten wird. Dies geschieht teilweise aus Unwissenheit, teilweise aber auch bewusst, da man liebgewonnene oder selbst akquirierte Kunden ungern abstoßen möchte. In diesen und in weiteren Fällen bietet die Kundenwertanalyse die Chance, unrentable Kunden zu identifizieren und Maßnahmen abzuleiten, wie die Profitabilität verbessert werden kann – zum Beispiel durch die Einrichtung eines Kundenservice-Centers als Ersatz für die Außendienstbetreuung von C-Kunden oder durch die elektronische Anbahnung und Abwicklung von Geschäften im Rahmen des E-Commerce.

---

[125] Vergleiche Sander (2011, S. 834 f).

Literaturverzeichnis

Ansoff, H.I. (1988). The new corporate strategy. New York: Wiley.

Ariely, D. (2008). Denken hilft zwar, nützt aber nichts. Warum wir immer wieder unvernünftige Entscheidungen treffen. München: Droemer.

Ariely, D. (2011). The Upside of Irrationality. The Unexpected Benefits of Defying Logic at Work and at Home. New York: HarperCollins.

Backhaus, K., Erichson, B., Plinke, W. & Weiber, R. (2011). Multivariate Analysemethoden. Eine anwendungsorientierte Einführung (13. Aufl.). Berlin: Springer.

Bailom, F., Tschemernjak, D., Matzler, K. & Hinterhuber, H.H. (1998). Durch strikte Kundennähe die Abnehmer begeistern. Harvard Business Manager, 20 (1), 47–56.

Bauer, H.H. & Huber, F. (2008). Nutzenorientierte Produktgestaltung. In A. Herrmann, C. Homburg & M. Klarmann (Hrsg.), Handbuch Marktforschung. Methoden – Anwendungen – Praxisbeispiele (3. Aufl., S. 955–982). Wiesbaden: Gabler.

Bauman, Z. (1995). Ansichten der Postmoderne. Hamburg: Argument-Verlag.

Bea, F.X., Friedl, B. & Schweitzer, M. (Hrsg.). (2006). Allgemeine Betriebswirtschaftslehre. Band 3: Leistungsprozess (9. Aufl.). Stuttgart: Lucius & Lucius.

Bea, F.X. & Haas, J. (2013). Strategisches Management (6. Aufl.). Konstanz: UVK.

Bea, F.X., Helm, R. & Schweitzer, M. (2009). BWL-Lexikon. Stuttgart: Lucius & Lucius.

Bea, F.X. & Schweitzer, M. (Hrsg.). (2009). Allgemeine Betriebswirtschaftslehre. Band 1: Grundfragen (10. Aufl.). Stuttgart: Lucius & Lucius.

Bea, F.X. & Schweitzer, M. (Hrsg.). (2011). Allgemeine Betriebswirtschaftslehre. Band 2: Führung (10. Aufl.). Konstanz: UVK.

Beck, U. (1983). Jenseits von Stand und Klasse? Soziale Ungleichheiten, gesellschaftliche Individualisierungsprozesse und die Entstehung neuer sozialer Formationen und Identitäten. In R. Kreckel (Hrsg.), Soziale Ungleichheiten (S. 35–74). Göttingen: Schwartz.

Beck, U. (1986). Risikogesellschaft. Auf dem Weg in eine andere Moderne. Frankfurt am Main: Suhrkamp.

Beck, U. & Beck-Gernsheim, E. (1994). Individualisierung in modernen Gesellschaften. Perspektiven und Kontroversen einer subjektorientierten Soziologie. In U. Beck & E. Beck-Gernsheim (Hrsg.), Riskante Freiheiten. Individualisierung in modernen Gesellschaften (S. 10–39). Frankfurt am Main: Suhrkamp.

Beck, U. & Beck-Gernsheim, E. (2002). Individualization. Institutionalized individualism and its social and political consequences. London: Sage.

Becker, J. (2009). Marketing-Konzeption. Grundlagen des zielstrategischen und operativen Marketing-Managements (9. Aufl.). München: Vahlen.

Beutin, N. (2008). Messung von Kundenzufriedenheit und Kundenbindung. In A. Herrmann, C. Homburg & M. Klarmann (Hrsg.), Handbuch Marktforschung. Methoden – Anwendungen – Praxisbeispiele (3. Aufl., S. 811–846). Wiesbaden: Gabler.

Bortz, J. & Schuster, C. (2010). Statistik für Human- und Sozialwissenschaftler (7. Aufl.). Berlin: Springer.

Bruhn, M. (2010). Marketing. Grundlagen für Studium und Praxis (10. Aufl.). Wiesbaden: Gabler.

Bruhn, M. (2013a). Kommunikationspolitik. Systematischer Einsatz der Kommunikation für Unternehmen (7. Aufl.). München: Vahlen.

Bruhn, M. (2013b). Relationship Marketing. Das Management von Kundenbeziehungen (3. Aufl.). München: Vahlen.

Bruhn, M. & Homburg, C. (Hrsg.). (2010). Handbuch Kundenbindungsmanagement. Strategien und Instrumente für ein erfolgreiches CRM (7. Aufl.). Wiesbaden: Gabler.

Buber, R. & Holzmüller, H.H. (Hrsg.). (2009). Qualitative Marktforschung. Konzepte – Methoden – Analysen (2. Aufl.). Wiesbaden: Gabler.

D'Aveni, R.A. (1994). Hypercompetition. Managing the Dynamics of Strategic Maneuvering. New York: Free Press.

Dillerup, R. & Stoi, R. (Hrsg.). (2012). Fallstudien zur Unternehmensführung (2. Aufl.). München: Vahlen.

Esch, F.R., Herrmann, A. & Sattler, H. (2008). Marketing. Eine managementorientierte Einführung. München: Vahlen.

Fantapié Altobelli, C. (2011). Marktforschung. Methoden – Anwendungen – Praxisbeispiele (2. Aufl.). Konstanz: UVK.

Fantapié Altobelli, C. & Hoffmann, S. (2011). Grundlagen der Marktforschung. Konstanz: UVK.

Fisher, R. & Shapiro, D. (2007). Erfolgreicher Verhandeln mit Gefühl und Verstand. Frankfurt am Main: Campus.

Fisher, R. & Ury, W. (1982). Getting to yes. Negotiating an agreement without giving in. London: Random House.

Fisher, R., Ury, W. & Patton, B. (2004). Das Harvard-Konzept. Der Klassiker der Verhandlungstechnik. Frankfurt am Main: Campus.

Froböse, M. & Kaapke, A. (2000). Marketing. Eine praxisorientierte Einführung mit Fallbeispielen. Frankfurt am Main: Campus.

Gengler, C.E., Mulvey, M.S. & Oglethorpe, J.E. (1999). A Means-End Analysis of Mothers' Infant Feeding Choices. Journal of Public Policy & Marketing, 18 (2), 172–188.

Grant, R.M. (2010). Contemporary Strategy Analysis (7th Ed.). Chichester: Wiley.

Grant, R.M. & Nippa, M. (2006). Strategisches Management. Analyse, Entwicklung und Implementierung von Unternehmensstrategien (5. Aufl.). München: Pearson.

Green, P.E. & Rao, V.R. (1971). Conjoint Analysis for Quantifying Judgmental Data. Journal of Marketing Research, 8 (1), 355–363.

Gruber, T., Voss, R., Balderjahn, I. & Reppel, A. (2009). Online Laddering. In R. Buber & H.H. Holzmüller (Hrsg.), Qualitative Marktforschung. Konzepte – Methoden – Analysen (2. Aufl., S. 569–581). Wiesbaden: Gabler.

Grunwald, G. & Hempelmann, B. (2012). Angewandte Marktforschung. Eine praxisorientierte Einführung. München: Oldenbourg.

Günter, B. & Helm, S. (Hrsg.). (2006). Kundenwert. Grundlagen – Innovative Konzepte – Praktische Umsetzungen (3. Aufl.). Wiesbaden: Gabler.

Günter, B. & Helm, S. (2011). Kundenbewertung im Rahmen des CRM. In H. Hippner, B. Hubrich & K.D. Wilde (Hrsg.), Grundlagen des CRM. Strategie, Geschäftsprozesse und IT-Unterstützung (3. Aufl., S. 271–292). Wiesbaden: Gabler.

Hartmann, P.H. (1999). Lebensstilforschung. Darstellung, Kritik und Weiterentwicklung. Opladen: Leske & Budrich.

Helm, R. (2006). Marketing. In F.X. Bea, B. Friedl & M. Schweitzer (Hrsg.), Allgemeine Betriebswirtschaftslehre. Band 3: Leistungsprozess (9. Aufl., S. 253–335). Stuttgart: Lucius & Lucius.

Helm, S. & Günter, B. (2006). Kundenwert. Eine Einführung in die theoretischen und praktischen Herausforderungen der Bewertung von Kundenbeziehungen. In B. Günter & S. Helm (Hrsg.), Kundenwert. Grundlagen – Innovative Konzepte – Praktische Umsetzungen (3. Aufl., S. 3–38). Wiesbaden: Gabler.

Herrmann, A. (1996). Nachfrageorientierte Produktgestaltung. Ein Ansatz auf Basis der „means-end"-Theorie. Wiesbaden: Gabler.

Herrmann, A., Homburg, C. & Klarmann, M. (Hrsg.). (2008). Handbuch Marktforschung. Methoden – Anwendungen – Praxisbeispiele (3. Aufl.). Wiesbaden: Gabler.

Herzberg, F. (1968). One More Time: How Do You Motivate Employees? Harvard Business Review, 46 (1), 53–62.

Herzberg, F., Mausner, B. & Snyderman, B.B. (1993). The Motivation to Work. New Brunswick: Transaction Publishers.

Hinterhuber, H.H., Handlbauer, G. & Matzler, K. (2003). Kundenzufriedenheit durch Kernkompetenzen. Eigene Potenziale erkennen, entwickeln, umsetzen (2. Aufl.). Wiesbaden: Gabler.

Hinterhuber, H.H. & Matzler, K. (Hrsg.). (2009). Kundenorientierte Unternehmensführung. Kundenorientierung – Kundenzufriedenheit – Kundenbindung (6. Aufl.). Wiesbaden: Gabler.

Höft, U. (1992). Lebenszykluskonzepte. Berlin: Schmidt.

Holland, H. (2009). Direktmarketing. Im Dialog mit dem Kunden (3. Aufl.). München: Vahlen.

Homburg, C. (2012a). Marketingmanagement. Strategie – Instrumente – Umsetzung – Unternehmensführung (4. Aufl.). Wiesbaden: Springer Gabler.

Homburg, C. (2012b). Grundlagen des Marketingmanagements. Einführung in Strategie, Instrumente, Umsetzung und Unternehmensführung (3. Aufl.). Wiesbaden: Springer Gabler.

Homburg, C., Schäfer, H. & Schneider, J. (2010). Sales Excellence. Vertriebsmanagement mit System (6. Aufl.). Wiesbaden: Gabler.

Horváth, P. (2011). Controlling (12. Aufl.). München: Vahlen.

Hungenberg, H. (2010). Problemlösung und Kommunikation im Management. Vorgehensweisen und Techniken (3. Aufl.). München: Oldenbourg.

Inglehart, R. (1995). Kultureller Umbruch. Wertewandel in der westlichen Welt. Frankfurt am Main: Campus.

Inglehart, R. (1998). Modernisierung und Postmodernisierung. Kultureller, wirtschaftlicher und politischer Wandel in 43 Gesellschaften. Frankfurt am Main: Campus.

Kano, N. (1984). Attractive Quality and Must-be-Quality. The Journal of the Japanese Society for Quality Control, 14 (2), 39–48.

Kerth, K. & Asum, H. (2008). Die besten Strategietools in der Praxis (3. Aufl.). München: Hanser.

Kerth, K., Asum, H. & Stich, V. (2011). Die besten Strategietools in der Praxis (5. Aufl.). München: Hanser.

Kirsch, J. & Müllerschön, B. (2009). Marketing kompakt (6. Aufl.). Sternenfels: Wissenschaft & Praxis.

Klein, M. (2002). Die Conjoint-Analyse. Eine Einführung in das Verfahren mit einem Ausblick auf mögliche sozialwissenschaftliche Anwendungen. ZA-Information, 50 (1), 7–45.

Kordupleski, R.E., Rust, R.T. & Zahorik, A.J. (1994). Qualitätsmanager vergessen zu oft den Kunden. Harvard Business Manager, 16 (1), 65–72.

Kotler, P., Armstrong, G., Wong, V. & Saunders, J. (2011). Grundlagen des Marketing (5. Aufl.). München: Pearson.

Kotler, P., Keller, K.L. & Bliemel, F. (2008). Marketing-Management. Strategien für wertschaffendes Handeln (12. Aufl.). München: Pearson.

Kotler, P., Keller, K.L., Brady, M., Goodman, M. & Hansen, T. (2009). Marketing Management. Harlow: Pearson.

Kroeber-Riel, W., Weinberg, P. & Gröppel-Klein, A. (2009). Konsumentenverhalten (9. Aufl.). München: Vahlen.

Kuhn, M. & Zajontz, Y. (2011). Industrielles Marketing. München: Oldenbourg.

Kuß, A. & Tomczak, T. (2007). Käferverhalten. Eine marketingorientierte Einführung (4. Aufl.). Stuttgart: Lucius & Lucius.

Liebel, F. (2011). Motivforschung. Eine kognitionspsychologische Perspektive. In G. Naderer & E. Balzer (Hrsg.), Qualitative Marktforschung in Theorie und Praxis. Grundlagen – Methoden – Anwendungen (2. Aufl., S. 473–490). Wiesbaden: Gabler.

Lippold, D. (2012). Die Marketing-Gleichung. Einführung in das wertorientierte Marketingmanagement. München: Oldenbourg.

Luce, R.D. & Tukey, J.W. (1964). Simultaneous conjoint measurement. A new type of fundamental measurement. Journal of Mathematical Psychology, 1 (1), 1–27.

Matzler, K., Sauerwein, E. & Stark, C. (2009). Methoden zur Identifikation von Basis-, Leistungs- und Begeisterungsfaktoren. In H.H. Hinterhuber & K. Matzler (Hrsg.), Kundenorientierte Unternehmensführung. Kundenorientierung – Kundenzufriedenheit – Kundenbindung (6. Aufl., S. 319–344). Wiesbaden: Gabler.

McCarthy, E.J. (1960). Basic Marketing. A managerial approach. Homewood: Irwin.

Meffert, H. & Bruhn, M. (2009). Dienstleistungsmarketing. Grundlagen – Konzepte – Methoden (6. Aufl.). Wiesbaden: Gabler.

Meffert, H., Burmann, C. & Kirchgeorg, M. (2012). Marketing. Grundlagen marktorientierter Unternehmensführung (11. Aufl.). Wiesbaden: Gabler.

Müller-Stewens, G. & Lechner, C. (2011). Strategisches Management. Wie strategische Initiativen zum Wandel führen (4. Aufl.). Stuttgart: Schäffer-Poeschel.

Nagel, M. (2003). Soziale Ungleichheiten im Sport. Aachen: Meyer & Meyer.

Nagel, M. (2006). Wie erfolgreiche Retail Leader die Zukunft sehen. Absatzwirtschaft – Zeitschrift für Marketing, 49 (2), 50–52.

Nagel, M. (2007a). Global Market Expansion. Strategien, Methoden und Tools zur Erschließung von Wachstumsmärkten. Frankfurt am Main: BearingPoint.

Nagel, M. (2007b). Aktuelle geschäftliche Herausforderungen am Beispiel des Retail Business. In F.M. Hein, Elektronische Unternehmenskommunikation. Konzepte und Best Practices zu Kultur und Führung (S. 38–42). Frankfurt am Main: Deutscher Fachverlag.

Nagel, M., Atzberger, M. & Gerling, M. (2006). Retail Leaders 2006. Der Handel auf dem Weg zur Marke. Düsseldorf: Handelsblatt-Verlag.

Nagel, M. & Mieke, C. (2014). BWL-Methoden. Handbuch für Studium und Praxis. Stuttgart: UTB.

Neckel, S. (1998). Krähwinkel und Kabylei. Mit Pierre Bourdieu durch Deutschlands Kultursoziologie. In F. Hillebrandt, G. Kneer & K. Kraemer (Hrsg.), Verlust der Sicherheit? Lebensstile zwischen Multioptionalität und Knappheit (S. 206–218). Opladen: Westdeutscher.

Pepels, W. (2011). Marketingkommunikation (2. Aufl). Konstanz: UVK.

Pepels, W. (2012). Handbuch des Marketing (6. Aufl.). München: Oldenbourg.

Peters, T.J. & Waterman, R.H. (1982). In Search of Excellence. Lessons from America's Best-Run Companies. New York: HarperCollins.

Prensky, M. (2001). Digital Natives, Digital Immigrants. On the Horizon, 9 (5), 1–6.

Rackham, N. (1988). SPIN Selling. New York: McGraw-Hill.

Rathnow, P. (2010). Management weltweit. Mit praxiserprobten Instrumenten zu Spitzenleistungen. München: Oldenbourg.

Rentzsch, H.P. (2008). Kundenorientiert verkaufen im Technischen Vertrieb. Erfolgreiches Beziehungsmanagement im Business-to-Business (4. Aufl.). Wiesbaden: Gabler.

Reynolds, T.J. & Gutman, J. (1988). Laddering Theory, Method, Analysis, and Interpretation. Journal of Advertising Research, 28 (1), 11–31.

Reynolds, T.J. & Olson, J.C. (Eds.). (2001). Understanding Consumer Decision Making. The Means-End Approach to Marketing and Advertising Strategy. Mahwah: LEA.

Reynolds, T.J. & Whitlark, D.B. (1995). Applying Laddering Data to Communications Strategy and Advertising Practice. Journal of Advertising Research, 35 (4), 9–17.

Ries, A. & Ries, L. (2003). First-Mover-Advantage. In Campus (Hrsg.), Campus Management. Band 1 (S. 369–371). Frankfurt am Main: Campus.

Ries, A. & Trout, J. (2001). Positioning. The battle for your mind. New York: McGraw-Hill.

Ries, A. & Trout, J. (2012). Positioning. Wie Produkte und Unternehmen in gesättigten Märkten überleben. München: Vahlen.

Runia, P., Wahl, F., Geyer, O. & Thewißen, C. (2011). Marketing. Eine prozess- und praxisorientierte Einführung (3. Aufl.). München: Oldenbourg.

Sander, M. (2011). Marketing-Management. Märkte, Marktforschung und Marktbearbeitung (2. Aufl.). Konstanz: UVK.

Sauerwein, E. (2000). Das Kano-Modell der Kundenzufriedenheit. Reliabilität und Validität einer Methode zur Klassifizierung von Produkteigenschaften. Wiesbaden: Gabler.

Sauerwein, E., Bailom, F., Matzler, K. & Hinterhuber, H.H. (1996). The Kano Model. How to delight your customers. In Preprints Volume I of the IX. International Working Seminar on Production Economics (S. 313–327). Innsbruck: Universitätsverlag.

Scharf, A., Schubert, B. & Hehn, P. (2012). Marketing. Einführung in Theorie und Praxis (5. Aufl.). Stuttgart: Schäffer-Poeschel.

Schawel, C. & Billing, F. (2011). Top 100 Management Tools. Das wichtigste Buch eines Managers (3. Aufl.). Wiesbaden: Gabler.

Schneider, W. & Hennig, A. (2008). Lexikon Kennzahlen für Marketing und Vertrieb. Das Marketing-Cockpit von A-Z (2. Aufl.). Berlin: Springer.

Schweiger, G. & Schrattenecker, G. (2009). Werbung. Eine Einführung (7. Aufl.). Stuttgart: Lucius & Lucius.

Teichert, T., Sattler, H. & Völckner, F. (2008). Traditionelle Verfahren der Conjoint-Analyse. In A. Herrmann, C. Homburg & M. Klarmann (Hrsg.), Handbuch Marktforschung. Methoden – Anwendungen – Praxisbeispiele (3. Aufl., S. 651–685). Wiesbaden: Gabler.

Thommen, J.P. & Achleitner, A.K. (2012). Allgemeine Betriebswirtschaftslehre. Umfassende Einführung aus managementorientierter Sicht (7. Aufl.). Wiesbaden: Springer Gabler.

Tolman, E.C. (1932). Purposive behavior in animals and men. New York: Appleton-Century.

Tomczak, T. & Rudolf-Sipötz, E. (2006). Bestimmungsfaktoren des Kundenwertes. Ergebnisse einer branchenübergreifenden Studie. In B. Günter & S. Helm (Hrsg.), Kundenwert. Grundlagen – Innovative Konzepte – Praktische Umsetzungen (3. Aufl., S. 127–155). Wiesbaden: Gabler.

Trout, J. (2004). Trout über Strategie. Wie Sie die Köpfe der Verbraucher und damit die Märkte erobern. Wien: Linde.

Trout, J., Rivkin, S. & Wied, L. (2009). Differenzierung im Hyperwettbewerb. Der Schlüssel für das Überleben von Marken (2. Aufl.). München: mi-Wirtschaftsbuch.

Vahs, D. & Schäfer-Kunz, J. (2012). Einführung in die Betriebswirtschaftslehre (6. Aufl.). Stuttgart: Schäffer-Poeschel.

Vitale, R.P., Giglierano, J. & Pfoertsch, W. (2011). Business-to-Business Marketing. Analysis and Practice. Boston: Pearson.

Walker, B.A. & Olson, J.C. (1991). Means-end-Chains. Connecting products with self. Journal of Business Research, 22 (2), 111–118.

Webster, F.E. & Wind, Y. (1972). Organizational Buying Behaviour. Englewood Cliffs: Prentice Hall.

Welge, M.K. & Al-Laham, A. (2012). Strategisches Management. Grundlagen – Prozess – Implementierung (6. Aufl.). Wiesbaden: Springer Gabler.

Winkelmann, P. (2010). Marketing und Vertrieb. Fundamente für die Marktorientierte Unternehmensführung (7. Aufl.). München: Oldenbourg.

Wiswede, G. (2012). Einführung in die Wirtschaftspsychologie (5. Aufl.). München: Reinhardt.

Zentralverband der deutschen Werbewirtschaft. (Hrsg.). (2011). Werbung in Deutschland 2011. Berlin: Edition ZAW.

Stichwortverzeichnis